SHODENSHA
SHINSHO

日米開戦　陸軍の勝算

「秋丸機関」の最終報告書

林　千勝

祥伝社新書

まえがき

「敵を知り、己《おのれ》を知れば百戦殆《あやう》からず」（孫子）

私もそう考えます。

こういう考えの私は、七十年前のあの戦争の「開戦」の決断に関する真実を追求してきました。

その結果、驚くべき真実に出会ったのです。

私は、この真実を、読者の皆様にわかっていただくためにはどのようにお伝えするのが一番良いのか、しばらくの間、思い悩みました。

決断は、人間の精神活動の中で、あるいは組織行為の中で、最も高次のものです。ましてや、七十年前のあの戦争の「開戦」の決断。言うまでもなく、あの戦争は「総力戦」です。「総力戦」とは、すべての国力を挙《あ》げて、より本質的に言えば、国民経済を挙げて戦う戦争のことです。その決断には、すべての国民の生命と生活がかかっていました。

そこで、私は、第一に「総力戦」の経済的側面を重視しなければならないとの観点から、戦争戦略の策定における客観的な数字データを読者の皆様にそのままお見せすることにしました。供するものは一次史料です。この一次史料には、当時、陸軍省内で実際に行なわれた戦争シミュレーションが含まれます。「開戦」の決断を後押しした戦争戦略の策定プロセスにおいて、枢要な位置を占めていたイギリス、アメリカの経済的な側面を重視した戦争シミュレーションです。

本書では、このシミュレーションを当時と同じ形で体験していただきます。このことにより、対米英戦開戦という空前の意思決定を行なった東條英機《とうじようひでき》首相や杉山元《すぎやまはじめ》参謀総長と、そこに至るまでの思考過程を共有することになります。同じ目線を持っていただきます。

要するに、読者の皆様による「開戦」の決断過程の追体験です。

本書は、そのことを通じて、七十年前のあの総力戦の「開戦」の決断の真実を、客観的に理解していただくことを狙《ねら》いとします。

シミュレーションは数字が多くなります。本書の、特に第一章を読み進むうちに、いささか面食らう方もいらっしゃるかもしれません。しかし、どうか、本書の狙いをご了解の上、最後までお付き合いくださるようお願いいたします。

あの戦争の「開戦」の決断の真実を理解するためには、決断の過程を知らなければなりません。そして、真実を蘇《よみがえ》らせようとする本書を読み終われば、きっと、あの戦争の「開戦」の決断について、「ああ、そういうことだったのか」とご納得いただけるものと信じています。

平成二七年七月

林《はやし》 千勝《ちかつ》

目次

第一章

「陸軍省戦争経済研究班」（秋丸機関）が、大東亜戦争を創った

太平洋戦争と大東亜戦争

太平洋戦争。

現在、あの戦争は太平洋戦争と呼ばれています。

七十年前のあの戦争は、「愚かで無責任な当時の日本の指導者たちが、アメリカ合衆国に対して勝算のない無謀な戦争を仕掛けたもの」と理解されています。

指導者たちとは主に帝国陸軍軍人を指します。そして、「善良な私たち国民を地獄の苦しみへと引きずり込んだ挙句に、国土を焦土《しょうど》にして大敗を喫《きっ》したもの」と語られてきました。強大な民主主義国家アメリカ合衆国はあのナチスドイツと同盟する軍国日本の侵略を抑《おさ》えようとしたのであって、「アメリカ合衆国に対する日本の開戦は、大義無き暴走であった」と伝えられています。

しかしながら、あの戦争の真実は、このようなこととは完全に真逆であったのです。真実はアメリカ合衆国による日本への侵略であり、対する日本の防衛であったということを、はたして読者の皆様はご存じでしょうか。私たちの父祖には、遠くアメリカ合衆国を侵略しようという意思はまったくなかったのです。

他方、アメリカ合衆国は、領土拡大や帝国主義的な覇権主義を、神から与えられた「明白なる使命」と称して正当化し、インディアンたちの土地を手始めに西へ西へと侵略を進め、太平洋を渡ってハワイ、グアム、フィリピンを手中にしてきました。そして、アメリカ合衆国は、次なる狙いを東アジアの新興近代国家日本に定めていたのです。

このアメリカ合衆国の侵略に対する日本の防衛戦争が、戦後の日本において、勝者アメリカ合衆国の指令に従い、「太平洋戦争」と呼ばれるようになったのです。この日本の自衛の戦いは、アジアにおける欧米列強の植民地支配打倒をも目指したものでありました。昭和一六年一二月、日本政府は、東アジアの解放の意を込めて、この戦争に「大東亜（東アジア）戦争」と命名する閣議決定を行ないました。ですから、当たり前の話ですが、父祖たちは「太平洋戦争」を戦ったのではなく「大東亜戦争」を戦ったのです。これらのことを、読者の皆様は、ご存じだったでしょうか。

大東亜戦争。

これより本書では、この戦争を「大東亜戦争」と呼んでいきます。

ふりかえってみて、人類史上、大東亜戦争ほど壮大なできごとが他にあったでしょうか。日本民族という悠久の歴史を持つ一つの民族が生き残りをかけた闘争であり、国家存亡をかけた巨大なプロジェクトであり、侵略者への挑戦であり、比類なき悲劇でした。人類史上、稀《まれ》に見る壮絶なドラマだったのです。

頭上で核が炸裂し、厖大《ぼうだい》な人命を失い、日本民族は、結局のところ大東亜戦争に敗れました。敗れましたが、しかし、日本民族は生き残りました。生き残って、戦後という時代を歩き始めました。

終戦直後、日本人の認識は、戦争と敗戦の悲惨さをもたらしたのはアメリカ合衆国であり、憎しみの対象は、殺戮《さつりく》者であり破壊者であるアメリカ合衆国でありました。アメリカ合衆国軍を主体とする占領軍が東京に入って来たとき、大義ある戦争を戦った当時の日本人たちの間には、戦争の贖罪《しょくざい》意識はありませんでした。当然のことです。

そして、日本の敗北は、単に生産力や各種兵器の劣性と原爆のゆえである、との考えが行きわたっていました。東京裁判での東條英機元首相による陳述の後に、「彼は自分の立場を堂々と説得力をもって陳述した。その勇気を日本国民は称賛すべきだ」という気運が一部で高まりました。東條英機元首相が処刑されれば、日本国民が彼を殉国《じゅんこく》の志士《しし》と見なす可能性があったのです。

けれども、戦後のこれまで七十年間、冒頭に述べましたように、日本人は、この大東亜戦争に「日本軍（陸軍）が、無謀な戦争へと暴走したもの」とのレッテルを貼ってきました。

読者の皆様は驚かれるかもしれませんが、このことは、実は、**アメリカ合衆国政府が占領政策として企図した結果なのです**。アメリカ合衆国は戦争の真実を伝える多くの書物を密《ひそ》かに没収し、報道メディア、郵便物、電話および電信などを対象とする検閲により完全な言論統制を行なった上で、日本国民を、ラジオ、新聞、映画そして教科書などで洗脳し、**日本人の歴史の記憶を作り替えたのです**。大東亜戦争の真実を消して、架空の図式を日本人の心に植えつけるプロパガンダを巧妙に実行したといえるでしょう。

これは、「ウォー・ギルト・インフォメーション・プログラム（戦争についての罪悪感を日本人の心に植えつけるための宣伝計画）」と、GHQ（連合国軍最高司令官総司令部）内で呼ばれていました。言論の自由の圧殺は、もちろん、ポツダム宣言の条項に違反しています。したがって、表向きは、このようなことは行なわれていないことになっていました。

もし、民主主義を旗印とするアメリカ合衆国の国民が、自分たちの政府の日本におけるこのような所業を知ったのなら、自分たちの政府に対して大いに失望していたことでしょう。


アメリカ（以下、「アメリカ合衆国」を適宜、「アメリカ」、「米国」または「米」と表記します）はGHQを使い、このウォー・ギルト・インフォメーション・プログラムなどによって、日本とアメリカとの戦いを、実際には存在しなかった帝国陸軍を主体とする「軍国主義者」と「国民」との戦いという架空の図式にすり替えました。

「軍国主義者」と「国民」の対立という架空の図式を導入することによって、「国民」に対する「罪」を犯したのも、「現在および将来の日本の苦難と窮乏」をもたらしたのも、すべて「軍国主義者」であり、アメリカには責任がない、という理屈をつくったのです。都市への無差別爆撃も、広島や長崎への原爆投下も、「軍国主義者」が悪かったからであり、爆弾を落としたアメリカは悪くない、ということです。

「大東亜戦争」という名称も、検閲によって強制的に「太平洋戦争」と書き替えさせられました。日本人は、軍国主義政権ができることを許してしまったことへの贖罪意識さえも求められました。かつて日本人が大東亜戦争のために注《そそ》いだおびただしいエネルギーは、二度と再びアメリカに向けられることはなく、もっぱら「軍国主義者」に向けられていったのです。

アメリカが企《くわだ》てたこのような**記憶の喪失と洗脳、歴史の改変を基につくられた戦後の体制が、「戦後レジーム」と呼ばれているものです。**日本人として恥ずべきことですが、アメリカがつくった先の架空の対立の図式を現実と錯覚した日本人が多数いたばかりか、何らかの理由で錯覚したふりをする日本人も多数現われたのです。情けないことに、「戦後レジーム」は、戦後七十年間を通じて、風化するどころか、ますます強化されていきました。

この「戦後レジーム」からの脱却を、第一次安倍《あべ》内閣当時、安倍晋三《しんぞう》首相はよく口にしていました。しかし、終戦から七十年になろうとしている時点でも、日本はなおしっかりと「戦後レジーム」の下にあります。

大東亜戦争の「開戦」の決断の真実も、このようにして日本人の記憶の彼方《かなた》へと消え去ってしまっています。

しかしながら、大東亜戦争の「開戦」の決断は、**実際、アメリカによって日本が最低限の国民生活さえ立ち行かなくなるまでに追い込まれに追い込まれた末での、自存自衛**のための、やむをえざる決断だったのです。日本は、石油は九割、その他戦略物資も多くをアメリカからの輸入に頼る、きわめて脆弱《ぜいじゃく》でみじめな経済構造でした。

この時点で日本はすでに、コミンテルン（共産主義インターナショナル）に操られて泥沼化していた支那事変の重荷で経済的に窮状に陥《おちい》り、破綻《はたん》は時間の問題という状況でした。

　そのような中、ついに、**昭和一六年八月一日、アメリカが主導してイギリス、オランダも加わっての対日全面禁輸措置が日本にとどめを刺したのです。**日本国および日本国民の生活を、完全に破綻させることを企図したアメリカ。そうであれば、当時のアメリカは文字通り「鬼畜」。アメリカは、わが国に、黒船の来航に怯《おび》えた時代の日本、臆病な言いなりの日本に戻れと恫喝《どうかつ》し、同時に挑発していたのです。

　経済封鎖により追い込まれに追い込まれた末でしたが、対米屈従の道、アメリカへの隷属《れいぞく》の道を選ばなかったわが国の「開戦」の決断は、**国が、民族が、家族が、生き残るためのものであり、それゆえ、実際、きわめて合理的な判断の下に行なわれました。**そうでなければ、国民は納得せず、国家は運営できず、陛下もご裁可なさらなかったでしょう。実際、「持久戦に成算無きものに対し戦争を始めるのは如何《いかが》か」が昭和一六年当時の陛下のお考えであられたのです。

この**合理的な判断の主役は帝国陸軍でした**。第一次世界大戦後、近代兵器の登場とともに、戦争は「総力戦」の時代を迎えていました。戦争は国民経済全体を巻き込み、同時に国民経済によって支えられるものとなっていたのです。戦場の兵士ばかりではなく、いやそれ以上に、兵器工場にいる厖大な工員群が「総力戦」を支え、必要物資の生産者たちが総力戦を成り立たせるのです。銃後の数千万人の勤労者が間接的に戦争に参加しているのです。

もはや、戦争と経済は一体であり、「総力戦」に勝つことは、経済上の戦争遂行能力、すなわち経済抗戦力抜きでは語れない時代となっていたのです。「生きるか死ぬか」の決断のためには、緻密《ちみつ》な経済計算に基づく判断、合理性の透徹が必要だったのです。

帝国陸軍はこの認識に立って、「生きるか死ぬか」のぎりぎりの決断を下すために、経済抗戦力の測定とそれに基づく戦略の策定に、その知見を最大限に発揮したのです。帝国陸軍は、**科学的な研究に基づく、合理的な戦争戦略を準備していたのです**。

そしてその戦争戦略は、米国・英国・オランダ・そして支那（中国）の蔣介石《しょうかいせき》政権に対する「総力戦」に臨んでの**唯一の国家的戦争戦略「対米英蘭蔣戦争終末促進に関する腹案」**として、昭和一六年一一月一五日に大本営政府連絡会議にて決定されました。

戦後これまで、この戦争戦略の存在自体が歴史の中に埋もれ、あまり知られていませんでした。いわんや、この戦争戦略がどのようなプロセスと裏付けをもって作成されてきたのかは、完全にベールに包まれていました。研究者にとっての最重要な基礎資料とされている防衛庁防衛研究所戦史室編纂『戦史叢書』全一〇二巻でも一切触れられていません。

本書では、この戦争戦略がどのようなものであったかを皆様に紹介するとともに、この**戦争戦略の源《みなもと》に焦点を当て、それを解明しながら、同時に、帝国陸軍が科学的であり合理的であったという事実を蘇らせようとするものです。**本書の立場は、歴史の真実のみを正確に見定めようとするものであり、昭和の時代、わけても帝国陸軍を、歴史の真実を見つめることなしに頭ごなしに全面否定する感のある、いわゆる司《し》馬遼太郎《ばりょうたろう》史観に対峙《たいじ》するものであります。

それでは、開戦のおよそ二年前、昭和一四年秋に時間を戻し、大東亜戦争に向かっていく帝国陸軍の動きを、初めから具体的に見ていくことにしましょう。

攻防の策を講ぜよ

大日本帝国陸軍は、昭和一四年秋、わが国の最高頭脳を集めた本格的なシンクタンク「陸軍省戦争経済研究班」をスタートさせました。わが国に経済国力がないことを前提として、対英米の総力戦に向けての打開策を研究するためです。開戦のおよそ二年前のことです。

「陸軍省戦争経済研究班」の設立は、正式には、昭和一五年一月とされています。「陸軍省経理局長の監督の下に次期戦争を遂行目標として主として経済攻勢の見地より研究」することを目的として掲《かか》げ、「陸軍省軍事課、軍務課、主計課、参謀本部第二課及第二部は之が研究に協力し、その成果を陸軍大臣に報告し参謀総長に通報するものとす」と決められていました。

ここで、当時の帝国陸軍の組織、陸軍省と参謀本部について若干の説明をします。

陸軍省は、陸軍大臣を長として軍政を職務としていました。陸軍省には、人事局、軍務局、兵器局、整備局、経理局、医務局および法務局などの内局がありました。

この中で、軍事課は軍務局にあって、軍備・一般軍政および予算管理を行なっていました。軍務課は同じく軍務局にあって、国防政策・国防大綱・総動員体制等の企画立案、帝国議会との交渉、国防思想の普及などを担当していました。主計課は経理局にあって、予算・会計・決算等の経理業務を担《にな》っていました。

一方、参謀本部は、参謀総長を長として、作戦計画の立案等を職務としていました。参謀本部には、作戦を担う第一部、情報を担う第二部および総務部などが置かれていました。第二課は第一部に属し、作戦や兵站《へいたん》などを担当していました。第二部には、ソ連を扱う第五課、欧米などを扱う第六課、支那（中国）を扱う第七課、さらに謀略を担う第八課が属していました。

次に、陸軍の組織概略図を掲載します。「陸軍省戦争経済研究班」の位置付けを、今一度ご確認ください。

「陸軍省戦争経済研究班」は、まさに、組織概略図に太字で示されている陸軍の中枢各部署と連携して、陸軍挙げての総力で戦略研究を行なうための体制であったのです。そして、「陸軍省戦争経済研究班」には、陸軍省および参謀本部の最高首脳部への研究成果の報告が、義務付けられていたのです。

帝国陸軍にあってこの「陸軍省戦争経済研究班」の設立を企画した中心人物は、陸軍省軍務局軍事課長であり大佐であった岩畔豪雄《いわくろひでお》という名の人物です。彼は、謀略・諜報・防諜などの秘密戦の教育機関である中野《なかの》学校を創設し、「国防国策十年計画」において大東亜共栄圏を発案するなど、わが国きっての戦略家でした。シンガポール占領後は、岩畔機関とも呼ばれるインド独立協力機関の長として指導力を発揮し、インド国民軍の組織化や自由インド仮政府樹立など、インド独立運動への貢献でも名を馳《は》せています。

「陸軍省戦争経済研究班」は、「陸軍省主計課別班」という奇妙な別称を多くの場面で使いました。設立後、「陸軍省戦争経済研究班」の研究活動が活発化すると、政財

陸軍組織図

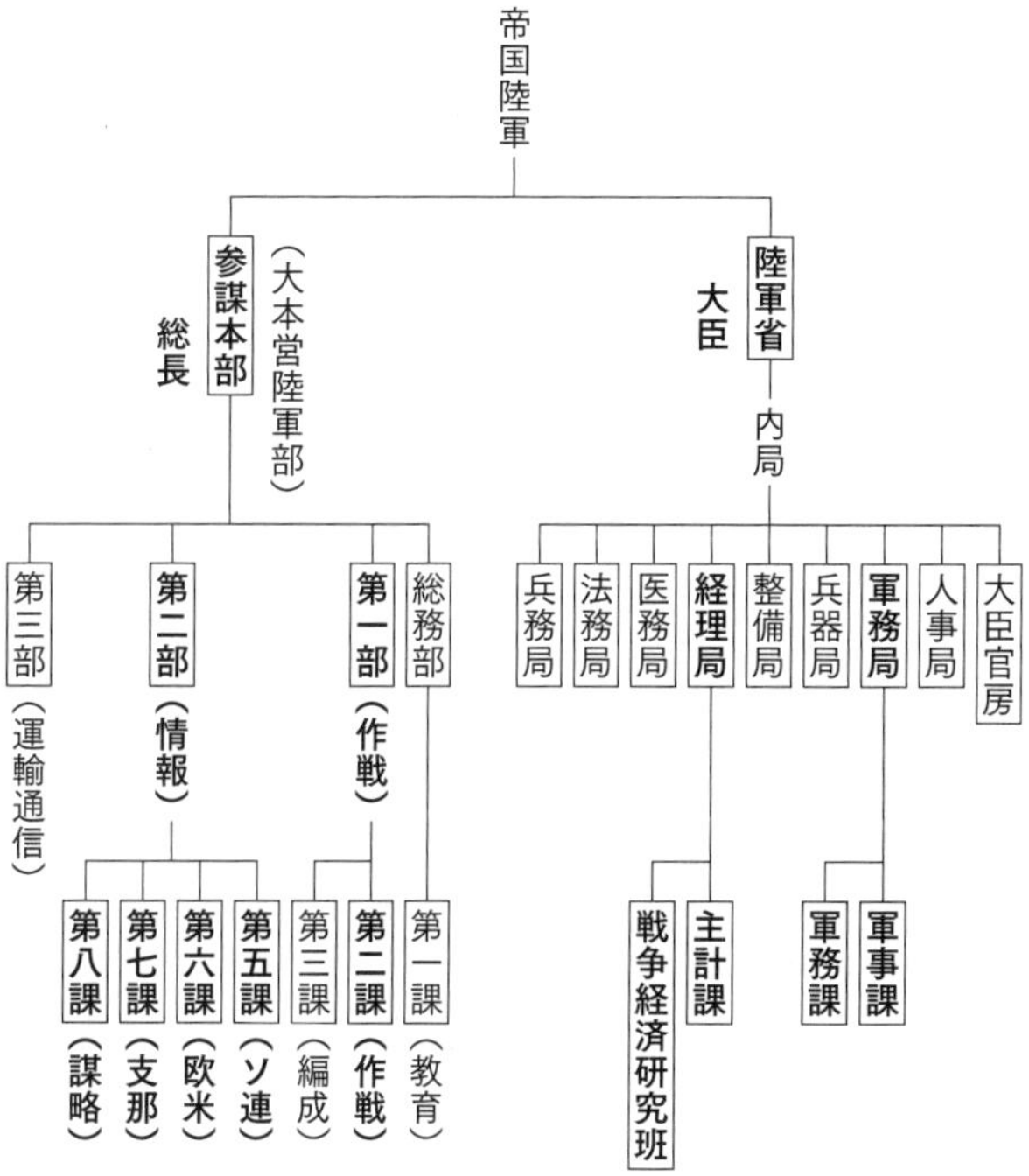
帝国陸軍
参謀本部
総長
(大本営陸軍部)
陸軍省
大臣
内局
第三部
(運輸通信)
第二部
(情報)
第一部
(作戦)
総務部
第八課
(謀略)
第七課
(支那)
第六課
(欧米)
第五課
(ソ連)
第三課
(編成)
第二課
(作戦)
第一課
(教育)
兵務局
法務局
医務局
経理局
整備局
兵器局
軍務局
人事局
大臣官房
戦争経済研究班
主計課
軍務課
軍事課

界の注目が強くなってきました。そして、満州国における関東軍と同様、内地でも陸軍が日本の経済界を牛耳《ぎゅうじ》り統制経済体制を打ち建てるのではないか、との疑念が起こってきたのです。そこでカモフラージュのために使われたのが「陸軍省主計課別班」という名称です。

実際、「陸軍省戦争経済研究班」による報告書のほとんどは、「陸軍省主計課別班」の名前で提出されました。それだけ、その存在と意図を隠すことに神経を使いながら研究活動がなされたのです。

「陸軍省戦争経済研究班」は、**「秋丸《あきまる》機関」**とも呼ばれました。その理由は、岩畔大佐の意を受けて、この後で紹介します秋丸次朗《じろう》中佐が班を率いたからです。「陸軍省戦争経済研究班」を率いた秋丸次朗中佐自身も、日頃、軍服を脱いで背広姿となって隠密行動をとっていました。

さて、その秋丸次朗中佐です。彼は、明治三一年（一八九八年）に宮崎県西諸県《もろかた》郡飯野《いいの》村で生まれています。昭和七年、陸軍経理学校をトップの成績で卒業した後、第一次大戦後に総力戦に備えて陸軍が創設した派遣学生制度により東京大学経済学部で三年間学びました。その後に渡満し、関東軍参謀付の経済参謀として満州国経済建設の主任をしていました。企画院における生産力拡充大綱の策定にも参画しています。

このような経歴の秋丸中佐が、昭和一四年九月、陸軍省経理局課員兼軍務局課員として満州から呼び戻され、戦争経済研究班へ赴任したのです。秋丸中佐は、東京に到着すると、翌日、早速、三宅坂《みやけざか》の陸軍省に出頭して「陸軍省戦争経済研究班」の設立を企画した中心人物、陸軍省軍務局軍事課長岩畔豪雄大佐に挨拶《あいさつ》をしました。

岩畔大佐は、先ほど述べましたように、大いなる戦略家であると同時に、当時、陸軍きっての実力者として聞こえていて、「軍政の家元」とも言われていました。その岩畔大佐は、開口一番に「貴官の着任を待っていた。新任務に就いて、ここでは詳しい話も出来ないから外に出よう」と言って、一緒に当時麹町《こうじまち》にあった洋食屋の宝亭《たからてい》に向かったといいます。昼食の後に密談に入りました。岩畔大佐は、大きな眼を輝かせながら情熱を込めて次のように秋丸中佐に語ったのです。

「わが陸軍は先のノモンハンの敗戦に鑑《かんが》み、対ソ作戦準備に全力を傾けつつあるが、世界の情勢は対ソだけではなく、既に欧州では英仏の対独戦争が勃発している。ドイツと近い関係にあるわが国は、一歩誤れば英米を向こうに廻して大戦に突入する危惧《きぐ》が大である。大戦となれば、国家総力戦となることは必至である。然るに、わが国の総力戦準備の現状は、第一次世界大戦を経験した列強のそれに比し寒心に堪えない。企画院が出来、国家総動員法は施行されたが、総力戦準備の態勢は未だに低調である。そこで陸軍としては、独自の立場で秘密戦の防諜、諜報活動をはじめ、思想戦、政略戦方策を進めている。しかし、肝心の経済戦に就いて何の施策もない。貴公がこの度本省に呼ばれたのも、実は経理局を中心として経済戦の調査研究に着手したいからである」

「陸軍省戦争経済研究班」の設立趣意と岩畔大佐の熱い思いを聞かされ、秋丸中佐は、事の重大さに戸惑《とまど》ったのです。しかし、秋丸中佐は、孫子の代表的な兵法「敵を知り、己を知れば百戦殆《あやう》からず」の考え方に立って、「仮想敵国の経済戦力を詳細に分析・総合して、弱点を把握すると共に、わが方の経済戦力の持久度を見極め、攻防の策を講ずる」ことに最善を尽くすことを己に誓うに至るのです。

対英米総力戦に向けての打開策の研究に命を懸ける男、「陸軍省戦争経済研究班長」(秋丸機関長)としての秋丸次朗の誕生です。本書における「主人公」の一人が、この俊才、秋丸次朗です。

悲惨な国力判断の結論

ところで、当時の日本では、三つの組織、すなわち、日満財政経済研究会、企画院、および陸軍省整備局が、それぞれ数次にわたって国力判断を実施していました。企画院は有名ですので、その名を読者の皆様もお聞きになったことがあるのではないでしょうか。これら三つの組織による国力判断が、帝国陸軍が「わが国に経済国力が無いことを前提として」いた具体的な根拠となっていたのです。

したがって、本書では、本題に入る前に、これら三つの組織による国力判断について触れておかないわけにはいきません。以下、これらの組織について紹介しながら、それぞれの組織による国力判断の内容や結論を見ていくことにします。

まず、日満財政経済研究会です。「満」は満州国のことです。今の中国東北部に当時、独立国があったのです。日満財政経済研究会は、昭和一〇年に、参謀本部第二課作戦課長であった石原莞爾《いしわらかんじ》大佐の指導の下、宮崎正義《みやざきまさよし》が設立しました。宮崎正義が設立したので「宮崎機関」とも呼ばれています。

石原莞爾大佐は、昭和六年の満州事変と満州国建国を関東軍作戦主任参謀として主導し成功に導いたことで、名をとどろかせた人物です。この満州国建国に関する石原莞爾大佐の構想は、満州の地に、満洲人・蒙古人・日本人・漢人・朝鮮人の五族が協和した独立国を築くことでした。東アジアの理想郷です。この石原莞爾大佐のブレーンである宮崎正義は、満鉄(南満州鉄道株式会社)調査部きってのロシア通であり、この時すでに、満鉄経済調査会を創設していました。日満財政経済研究会は、昭和一二年に対ソ連準備としての軍事生産拡充のための国家的産業編成案、すなわち「重要産業五ヶ年計画要綱」案を策定しています。しかしながら、「重要産業五ヶ年計画要綱」

陸軍省戦争経済研究班長・秋丸次朗

案は、要請される膨大な軍需への工業力の対応が現実的には困難な内容でした。それでも、支那事変勃発後、昭和一四年一月「生産力拡充（生拡）」四ヶ年計画として政府決定をみています。

この日満財政経済研究会は、昭和一三年〜一五年に四回に及ぶ本邦経済国力判断を行なっています。その結論は、「輸出激減、輸入力減退。生拡（生産力拡充）停滞、生産減少、再生産困難」と、昭和一二年七月に勃発した支那事変の重荷に押し潰《つぶ》されそうな、日本経済の姿を直視するものでした。

当時の日本の経済は、繊維製品を輸出して獲得した外貨を使ってさまざまな必要物資を、主として英米圏から輸入する構造になっていました。支那事変勃発後の軍需拡大により、輸入物資は兵器や軍需品関係を優先し、繊維産業への原材料や機械部品の割当は急速に減りました。また、労働力その他の生産要素についても繊維産業から軍需産業へ大幅にシフトさせられたために、繊維産業は大打撃を受け、日本の輸出力は著《いちじる》しく低下しました。

その結果、日本は著しい外貨不足を招来し、輸入力も力を急速に落としていきました。民需関連はもちろん工業一般に必要な資材・原料の輸入にさえ困難を来《きた》すという悪循環に陥ったのでした。

実際、昭和一二年が戦前日本の輸入額のピークをつけた年でした。また、昭和一二年には、戦前日本の実質個人消費支出がピークをつけた年でもあります。わが国の国民生活は、昭和一三年から坂道を転げ落ちるように悪化していったのです。耐乏と我慢の時代の始まりです。

輸入力が低下したとはいえ、支那事変という底なし沼の中で苦しむ日本にとっては、米国からの重要物資の輸入が命綱であることに変わりはありません。いや、米国からの輸入という命綱は、ますますわが国自身のために欠かすことができない生命維持装置的な位置付けとなっていきます。ヨーロッパが戦場と化し、英国圏やドイツからの輸入が期待できなくなるなど、世界大戦の影響が広がり始めたからです。

日本は国を挙げて、米国からの輸入にすがり続けます。そのため、支那や満州そして占領後の東南アジアなどの円ブロック圏からの輸入額の合計が、年間を通じて米国からの輸入額を上回るのは、なんと、ようやく昭和一七年になってからなのです。昭和一六年までは日本の対米貿易赤字額も激増し続けました。これが真実なのです。

日満財政経済研究会の次は、企画院です。企画院は、支那事変勃発後の昭和一二年一〇月に、支那事変への国家的な対応のために設立された国家総動員の中枢機関です。

具体的には、「物資動員(物動)」計画の策定を担いました。先の「生産力拡充(生拡)」計画はこの「物動」計画を通して実行されることとなりました。しかしながら、「物動」の当初の狙いとは裏腹に、資材と前渡金の人為的な交付等によって、生産・流通にかえって大きな歪《ゆが》みが生じてしまいました。

鉄鋼等の滞貨や歩留悪化、電力不足等が広範に発生し、鉄鋼などの十分な増産は実現できませんでした。主要三十六財中、工作機械の生産で一定の成果があったのみという芳《かんば》しくない結果です。市場機構によらないところの人為的な統制による経済運営の難しさが、露呈してしまったのです。

この企画院が、昭和一二年～一四年に国力判断を行なっています。その結論は、総じて「輸出激減、輸入力減退で物動見直し。必要物資七割の輸入先の英米との戦争は無理。日本の経済力は長期戦に耐え得ず」、「輸入途絶の計画は成り立たず」という悲観的なものでした。

「輸出激減、輸入力減退で物動見直し」は、先ほどの日満財政経済研究会の国力判断と同様です。また仮に、外貨があったとしても、「必要物資七割の輸入先の英米との戦争は無理」との、しごく当然の結論を出しています。

三番目の陸軍省整備局は、陸軍省にあって、軍需品の統制・補給・製造、動員・召集、軍需工場の指導などを所管していました。

この陸軍省整備局の昭和一四年の国力判断は、「日米通商条約廃棄通告、輸入力に制約で重要物資供給に支障へ。民需大幅削減。満州は日本からの機械・食料・資金等に期待」というものです。この年の七月、日米通商条約の廃棄通告がアメリカからなされました。そして、六カ月後の翌一五年一月には日米通商条約は失効し、日米の通商関係は無条約状態になってしまったのでした。

また、日満財政経済研究会や企画院と同様に、「輸入力に制約で重要物資供給に支障へ」と述べ、民需の大幅削減すなわち国民生活が圧迫されていることを指摘しています。

「満州は日本からの機械・食料・資金等に期待」も注目すべき部分です。すなわち、満州から日本への原料・資材等の供給が見込めないどころか、逆に、日本の機械・食料等の重要物資や資金が満州の殖産興業のために、どんどん吸い取られていったのでした。

陸軍省整備局の昭和一五年の国力判断では「原油の九十%を米国より輸入」「欧州大戦で輸入価格高騰《こうとう》。電力不足発生。生拡計画・軍備充実計画・物動計画は遅延・停滞」となっています。この時点でも日本は、石油もアメリカに頼りきっていたのです。

さらに、先にも述べたヨーロッパで起こった世界大戦の影響で、輸入価格が軒並み高騰して資材調達の厳しさの程度がますます大きくなり、わが国は諸計画の遂行にことごとく支障を来す、誠《まこと》に困難な状況に陥っていると訴えています。

昭和一五年も後半となってきますと、わが国の経済危機はいっそう深刻になり、いよいよ国としての生死の分岐点を迎えるに至ります。そして、その状況がそのまま国力判断にも反映されていったのです。

企画院では、昭和十五年八月に「応急物動計画試案」を策定しました。別名「昭和一五年対英米抗争を顧慮せる物的国力判断」とも呼ばれています。「応急物動計画試案」が、ついに具体的に対英米抗争を視野に入れての国力判断を行なったものだからです。その結論は、主要物資の輸入先である英米との抗争はきわめて困難であり、英米を敵に回しての戦争遂行はとうてい不可能というものでした。「占領後半年すると南方地域から物資環送できるが、輸入額は一五年度物動計画の十%以下に。鋼材生産額は三分の二に減少。公共工事はストップ。石油も極端に圧縮となる。民需の重要物資の供給は五割以下。生拡用を除く多くの民需への配当は十%以下。軍需を充足すれば民需の最低限も確保できない。真冬の極寒の地での鉄道関係屋外従事員への羊毛被服支給もゼロへ……。英米との戦争遂行は到底不可能」このように結ばれています。

真冬の極寒の地の鉄道保安員等への羊毛被服支給がゼロになるというのは、実にリアルです。多くの一般市民の民需の悲惨さは推《お》して知るべし。そこまで追い込まれるのです。

加えて、現下の日本経済からの窮状の唯一の打開策が、何と、情けないかな「主に米国から繰上げ輸入と特別輸入をすべし」であったのでした。実際、わが国は、昭和一六年二月まで、米国から六億円の非鉄金属・石油・鉄鋼を緊急輸入することでそれらの不足を補塡《ほてん》したのでした。悲しい、みじめな話です。

さらに、企画院では、昭和一六年一〇月に、「開戦直前物的国力判断」を実施しています。これは、同年一二月から半年以内に対米英開戦するとした想定で行なわれた国力判断です。すでに九月二九日に、後で述べる「対米英蘭戦争指導要綱」が大本営陸海軍部決定となっていて、軍部が明確な対英米の戦争戦略を手にしていた時期です。

ここで企画院は、「民需用として三百万tの船舶、南方との交通維持あれば、おおむね一六年度物動計画の普通鋼五百万t生産を中心とする国力の維持及び国民生活の最低限の確保は不可能にあらず」とし、「現状維持は頗《すこぶ》る不利」との認識を示したのです。「物動計画の普通鋼五百万ｔ生産」とは、一一年一二月に資源局が見積もった「我国の鋼材生産能力年五百万ｔ、戦時総需要額年四百二十万ｔ」との数字が基になっています。一方、当時の米国の鋼材生産能力は年八千万ｔであることが軍部内でも広く知られていました。桁《けた》違いであったということがわかります。

陸軍省整備局では、陸軍参謀本部からの要請を受ける形で、昭和一五年末に「昭和一六年春季開戦を想定せる軍部の国力判断」を実施しました。

この中で、四月一日に対米英開戦をする場合と、そうではなく避戦とする場合とが考察されました。対米英開戦をする場合、「石油事情と貿易の推移が決定的影響。南方処理・対米英開戦の場合、物的国力は第一年八十～七十五％、第二年七十～六十五％に低下。重要物資の供給は当初二年のみ成算」、「船舶の損失甚大で、作戦輸送力と物資輸送力が共に保たれなければ戦争遂行は不能。長期戦遂行に大なる危険を伴う」との具体的かつ冷静な結論を導いています。そして両想定の総合的結論としては、

「貿易が真に完全に途絶する迄《まで》は飽《あ》く迄開戦を避くべく此間専《もっぱ》ら国力を充足すべき」との判断が下されています。「貿易が真に完全に途絶する迄は」避戦です。「貿易が真に完全に途絶する」こととなれば、後は日本は干上がって破綻するのみです。

昭和一六年四月において、陸軍省整備局は、「最後迄米英ブロックの資源に依《よ》り国力を培養しつつ凡《あら》ゆる事態に即応し得るの準備を整えること」との認識を持っていましたが、この認識は、戦略物資、重要物資をことごとく米英、特に米国に頼る日本の台所事情の苦しさを背景に、これ以上に考え得ることはなかったという悲しい状況を如実に物語っていたのです。

さらに、陸軍省整備局は、いよいよ来るべきものが来てしまった、すなわち、米英蘭による対日全面禁輸という事態となった昭和一六年八月、「昭和一六年度秋季開戦を想定せる軍部の物的国力判断」を実施しました。具体的に、「一一月一日対米英開戦、蘭印石油取得」を想定したものです。この時初めて「蘭印石油取得」を想定しました。「蘭印」とは蘭領東印度、つまりオランダ領東インドのことであり、オランダが宗主国として支配した植民地国家です。今のインドネシアの版図と重なります。インドネシアは当時から多くの石油を産出していました。なお、この時すでに、オランダ本国はナチスドイツに統治されていました。

さて、陸軍省整備局は、この国力判断において、「戦争力維持の可能性は無いでは無いが、重大な不安。軍への徴用船と船舶喪失の増加により、資源輸送船腹が三百万tから百五十万tに低下すると、供給力は一五年度比、鋼材・米が八十%、石炭・塩・肥料・大豆・鉱石類・綿花等が四十%、その他が一%となる。船舶に不足を来せば本計画は実施困難」と、前途を予言する重大な見解を提出していました。実際、わが国の資源輸送船腹は、徴用解除により一七年に二百四十万tのピークをつけましたが、その後、喪失船腹の激増により七十万tにまで減ってしまったのでした。

「米英蘭の経済圧迫下に隠忍自重することに依り我国の前途に光明を見出さんとしたが、遺憾乍《なが》ら将来に亙《わた》る強国日本の存在の有り得ざることのみ明白となり、而《しか》も決然開戦を断行するとしても、一年以上先の産業経済情勢は確信なき判決を得るのみ」と、客観的であり、かつ苦渋に満ちた結論を、陸軍省整備局は導いています。日本人としての悔しさが滲《にじ》み出ている文章です。

以上、**三つの組織による国力判断は、どれも、わが国が、支那事変による軍拡の重荷で、昭和一二年より危機局面を迎え、経済構造は歪《ゆが》み、縮小再生産と破綻への道のりを歩んでいることを示していました。しかも、戦略物資の面で米国依存は高まるばかりでした。生産力拡充計画の遂行は、とてもではありませんが、ままならない状態でした。**

まさに、彼我の国力判断の結論は悲惨そのものです。哀れですらあります。ここでは対米英長期戦がとうてい不可能であることを十二分に説明していました。資源を始めとして、彼我の国力の差はあまりに顕著であり、当然のこととして、陸海軍ともに明確に対米英戦争を忌避したのです。「日満支経済ブロック」形成によっては、重要物資の自給率が全体的には高まらなかったということも、背景にありました。

一方で、企画院は、大東亜物流圏としての南方圏、すなわち東南アジアには、戦争遂行上の最重要物資である石油・ボーキサイト・生ゴムが十分に現存するとの見解を出しています。ただし、コバルト・水銀・銅・石綿・鉛・黄麻・加里塩（肥料）・タンニン材料（接着剤）・羊毛・綿花の十の重要物資は南方圏にも現存せず、節約しても二年しかもたないと分析していました。

マルクス経済学者　有沢広巳《ありさわひろみ》の登場

このような情勢下で、「陸軍省戦争経済研究班」は、対英米総力戦に向けての「打開策」の研究をしなければなりませんでした。そのためにわが国の最高頭脳を集めなければなりませんでした。そこで、まず、戦争経済研究班長たる秋丸中佐は、当時最も進歩的と言われる多くの経済学者を、学派や立場にかかわらず集め始めたのです。リクルートの開始です。

秋丸中佐は、「陸軍省戦争経済研究班」の組織の中で最も重要な位置付けとなる英米班を立ち上げるにあたって、治安維持法違反で検挙され保釈中の身であった、マルクス経済学者で東京大学経済学部助教授の**有沢広巳**《ありさわひろみ》を主査に招きました。繰り返しますが、有沢は治安維持法違反で検挙され保釈中、かつ東大も休職中であった身です。彼は、コミンテルンの反ファシズム統一戦線の呼びかけに呼応して日本で人民戦線の結成を企《くわだ》てたとして、労農派系の大学教授・学者グループの一員として検挙されていたのでした。

有沢広巳は、そもそもは統計学を専攻し、続いてマルクス経済学へと進みました。しかしながら、有沢広巳は、単に概念をもてあそぶ類《たぐい》のマルクス経済学者ではなく、統計を駆使して数字での実証を非常に重視していました。さらに、近代経済学に造詣《ぞうけい》が深く、国際経済や世界経済にも通じていました。

秋丸中佐は、先ほど述べましたように、総力戦に備えて陸軍が創設した派遣学生制度により東京大学経済学部に三年間在籍していました。実は、その間、有沢広巳の統計学の講義を聴講し、その卓越した学識に感動していたのです。

有沢広巳は、明治二九年（一八九六年）に高知県高知市で生まれています。東大助教授となった後、第一次大戦後のドイツに二年半留学しています。帰国後、ベルリン景気研究所に倣《なら》って、マルクス経済学者仲間である阿部勇《あべいさお》、美濃部亮吉《みのべりようきち》、脇村義太郎《わきむらよしたろう》らとともに「阿部事務所」を開設して世界経済の実証的研究を始めました。研究の成果は、雑誌『改造』や『中央公論』に連載していました。

彼は、他方で、総力戦と統制経済の研究を進め、**日本における総力戦と統制経済の大家としての名声を獲得**し、この分野の著作や論文を世に出していきました。昭和九年に『産業動員計画』を出版、一〇年には『改造』誌上において、戦時経済における統制への過大な期待を戒《いまし》め、あくまでも「経済力一般、工業力一般の拡充が必要である」と警鐘を鳴らし、一二年には、『日本工業統制』を出版しています。

昭和一二年の春ごろ、国防費膨張に伴う物価騰貴が起こり出すと、政府は臨時物価対策委員会をつくり対策に乗り出しましたが、有沢広巳に目をつけ、彼を委員に任命しています。政府の覚えもいいのです。

有沢広巳は、昭和一二年七月七日の支那事変勃発後、国防経済に関する名著『戰爭と經濟』を出版し、大増刷の好評を博しています。この『戰爭と經濟』ではすでに、七大強国の資源自給率分析、鉄・石炭・石油などの資源戦略、大英帝国や国際金融資本・国際石油資本と英本国との資源力の違いへの着意など、後の「陸軍省戦争経済研究班」での各国経済抗戦力調査の下地となる思考が披露されています。

さらに、同書では、資源自給率が低く工業力の小さい当時の日本の苦境、ドイツの第一次大戦下の統制経済や、原料や食料の最大限の自給体制確立を果たしたナチスドイツの国防経済政策の成功の詳細な分析なども行なっています。

後に詳しく述べますが、この**有沢広巳が、「陸軍省戦争経済研究班」の実質上の研究リーダー**であったのです。有沢広巳の前半生は、まさに「総力戦」と真正面から向き合ったものだったのです。時代のうねりを捉《とら》えて離さない知性の持ち主である、この有沢広巳が、秋丸次朗と並ぶ、本書におけるもう一人の「主人公」です。

さらに、陸軍省戦争経済研究班長たる秋丸中佐は、ナチスドイツの統制経済や戦争経済の専門家であり、慶応大学教授にして召集主計中尉の武村忠雄《たけむらただお》を主査として独伊班を、東京商科大学教授の中山伊知郎《なかやまいちろう》を主査として日本班を、立教大学教授の宮川実《みやかわみのる》を主査としてソ連班を、横浜正金銀行員の名和田政一《なわたまさいち》を主査として南方班を立ち上げました。加えて、国際政治の観点からの研究も必要であるとの考えから、東京大学教授の蠟山政道《ろうやままさみち》を主査として国際政治班を立ち上げたのでした。

帝国陸軍はきわめて合理的でした。帝国陸軍は、自らが国を守るために存在する組織であることに、透徹した自覚を持っていました。表面的なイデオロギーがどうのこうのということにはまったく囚《とら》われてはいませんでした。

というのは、有沢広巳など、たとえ治安維持法違反の容疑検挙者であっても、有能であると判断したならば、高給を払ってまでも大胆に登用していることからもわかります。当時、統制下で管理職の平均月給が七十五円であったところを、その七倍弱の五百円という月給を支払ったのです。財源は機密費です。やることがシャープです。

続いて、秋丸中佐は個別調査のために、大学教授、企画院・外務省・農林省・文部省・鉄道省等の少壮官僚に加え、三菱商事・日本郵船などの民間企業、日本鉄鋼連合会・電気協会などの業界団体、横浜正金銀行・勧業銀行などの金融機関、満鉄調査部を始めとする民間調査機関・研究所、同盟調査部などの精鋭たちを「陸軍省戦争経済研究班」に集合させたのでした。各班が十五名から二十六名くらいでしたので、事務局の二十二人を加えますと、「陸軍省戦争経済研究班」は総勢百数十名から二百名程度の組織でありました。

このような人材と陸軍各枢要部局の協力により、「陸軍省戦争経済研究班」は、潤沢な予算を使って、精力的に情報収集を進めたのです。大英帝国や米国、さらにドイツ、ソ連、支那など各国の機密情報を含めて、軍事・政治・法律・経済・社会・文化・思想・科学技術等に関する内外の図書・雑誌・資料**約九千種を収集**しました。ここには、米国国勢調査局統計の資料、ケインズ等の最新著作、欧州で進行中の第二次大戦の推移についての情報も網羅されています。

「陸軍省戦争経済研究班」は、参集した経済学者たちの研究などを通じて、欧米によるアジア植民地支配の実態や、英米やソ連を操る国際金融資本および国際石油資本の力などについても、十分な情報と知見を得ていました。

また、そもそも、当時のわが国では、第一次大戦をドイツが科学力で戦ったことに大きな刺激を受けていて、昭和天皇からの下賜金により昭和七年に日本学術振興会が設立され、一六年六月には財団法人経済学振興会が設立されていました。これら振興会が海外の理論書や文献を盛んに翻訳出版するなど、イデオロギーとは無関係に総力戦準備を合理的に進めるべく、経済学等の研究環境を整備していこうとする土壌がありました。

「陸軍省戦争経済研究班」の研究には、インテリジェンスとアカデミズムの両面で、他の強国に劣らない最先端のバックグラウンドが用意されていたのです。

「陸軍省戦争経済研究班」はこれらの膨大な収集情報を整理・分析し、**約二百五十種の報告書**を作成しました。このうち、現時点では、米国議会図書館等に保管されていた占領接収資料の返還分を含めて百種強を確認できます。各国経済抗戦力判断に関する「抗戦力判断資料」、個別の経済戦事情調査の「経研資料調」、さらには外国書和訳の「経研資料訳」等が主たるものです。「抗戦力判断資料」には、物的資源力、人的資源力、資本力、生産機構、貿易および配給機構、交通機構等に関するものが含まれます。巻末の「参考文献」の一覧に主なものを掲げてありますので、どうかご覧ください。

総力戦としての戦争戦略の本質を明示

これらを集大成して、「陸軍省戦争経済研究班」は、資源等が少ない「持たざる国」日本および「持たざる国」ドイツ（独逸）のあるべき戦争の姿、総力戦としての戦争戦略の本質を理論的に明示しました。

同時に、対英米総力戦に向けて、英米の経済抗戦力についての深い洞察と戦争シミュレーションとを、開戦半年前の昭和一六年七月までに確実に行なっていたのです。

以下、「陸軍省戦争経済研究班」の調査報告書**「独逸経済抗戦力調査」（昭和一六年七月）**を一緒に紐解《ひもと》きながら、その研究成果を見ていきましょう。

「陸軍省戦争経済研究班」においては、まず、「一国の経済抗戦力を測定するに当たっては、単に生産力素材（経済的戦争潜在力）を調査するにとどまらず、さらにそれら素材を戦時需要に応じて組み合わせ、組織し、経済抗戦力として発現させる国民経済的組織力に注意すべきである」として、一国の経済抗戦力にとっての国民経済的組織力の重要性を指摘しています。

その上で、「その客観化された経済組織の内、**統制経済組織の方が自由経済組織よりも遥かに強力な経済抗戦力の発現を可能ならしめる。**この点からして、生産力素材が量的にも少なく、またその相互間の不均衡程度も甚だしい国は、その欠陥を補う為に**平時から直接の国家統制により、高度の国民経済的組織力を発揮し、生産力を最高度に引き上げん**とする。そしてこの高度に引き上げられた生産力により軍隊の近代的装備を強化し、その強力な機械化兵力によって**短期戦を目指す**」として、**「統制経済組織」の有効性・重要性、そしてそれにより準備される短期戦の姿を理論的に提示**しています。

平たく言えば、資源の少ない「持たざる国」でも、統制経済によって力を最大限に発揮すれば、近代兵器をフル装備して短期戦を有利に戦えると説いたのです。このあたりは、現実の歴史が証明しました。

もちろん、「持たざる国」であるわが国にとっては、短期戦で終われば言うことはないです。しかし、現実問題として、「然らずして**長期戦となる限り、**やがて生産力素材の欠乏が現はれ、如何に高度の組織力を持つにしても生産力素材の不足により、生産力、従つて**経済抗戦力は低下せざるを得ない。**これに反し生産力素材を豊富に持つ国は、たとへ戦争の初期に高度の国民経済的組織力を持たず、その為最初の間は経済抗戦力が低くとも、長期戦となる限り、豊富な経済的戦争潜在力が物を云つて来る」と**「長期戦」を想定**しています。

文中にある「生産力素材を豊富に持つ国」の代表格は、もちろん米国です。米英を相手とするのですから当然の想定です。

だから次に、わが国のような「持たざる国」にとっての「将来の生産力の動員」について論を進めています。すなわち、「持つ国の基本的戦略方向が前述の如く長期戦にある以上、これに対応し持たざる国が最後の勝利を得る為には、将来の生産力の動員如何に懸つていると云うも敢えて過言ではない。それ故《ゆえ》持たざる国の基本的戦略方向も自国の不足する生産力素材の確保を目指すと共に、外交攻勢も同一方向を目指すのである」こと、**「軍事行動によって占領した敵国領土の生産力をも利用し得る」**ことおよび「戦争が長期化されれば、その間に同盟国、友邦、更には占領地を打って一丸とする広域経済圏の確立も次第に可能となり、この**広域経済圏の生産力が対長期戦の経済抗戦力として利用され得るに至る**」ことを「陸軍省戦争経済研究班」は理論的に明示しています。

日本にとっての広域経済圏とは「大東亜共栄圏」です。「陸軍省戦争経済研究班」は、軍事行動による広域経済圏、すなわち大東亜共栄圏の獲得と確立を明確に見据えていました。

一例ですが、石油について言えば、大東亜戦争初期の蘭領東印度（オランダ領東インド、現在のインドネシア）の獲得により、わが国は、実際、当初の計画をはるかに上回る量を数年にわたって確保できたのです。だから、連合艦隊などは、大海原をあっちにこっちにと大いに動き回れたのです。

以上の基本方針は、「陸軍省戦争経済研究班」による調査報告書「独逸経済抗戦力調査」（昭和一六年七月）に明瞭に記載されています。この「独逸経済抗戦力調査」は、ある地方国立大学の図書館に保管されている貴重な一次史料です。もちろん誰でも原本を閲覧できます。大学関係者がずいぶん前に街の古本屋で偶然に見つけて購入したものと聞いています。日本班により作成されていたのではないかと推測される「日本経済抗戦力調査」はいまだに発見されておらず、存在すら確認されていません。もしかしたら、ＧＨＱによる徹底的な没収にあって、痕跡《こんせき》さえも残されていないのかもしれません。

けれども、後に詳しく述べるように、この大戦にあって、同じ枢軸側の日本の抗戦力と独逸の抗戦力とはまさに車の両輪であると位置付けられ、かつ戦略思想も、合理的に判断して策定すればするほど、互いに共通し一致するものであったのです。

両国の戦略思想は、重なり合うものであり、補完し合い、連関するものでありました。私たちは、このことをしっかりと認識しなければなりません。その意味で、「独逸経済抗戦力調査」に記載された戦略思想は、明らかに日本の戦略思想そのものでもあり、**東アジアにおいて日本が負けないためのシナリオの基礎**であったのです。

以上のことを、筆者がイメージ化した図を次に掲載しました。「日米戦における経済抗戦力推移イメージ」と題する図です。戦いの舞台はもちろん東アジアです。英米の経済抗戦力の潜在力の主体は米国です。

その米国――。当時、戦力は距離の二乗に反比例すると言われていましたので、地理的に見て、日本に比べて米国はきわめて不利です。加えて、米国は、大西洋を挟んでドイツと対峙し、かつ太平洋を挟んで日本と対峙する二正面となり、戦力が二つに分散されます。さらには、統制経済組織ではなく自由経済組織である米国が経済抗戦力を最大限に発揮していくには、相当の時間がかかる見込みです。

これらの要因から、統制経済により短期間に最大限の力を発揮し得る日本は、当初の一年半から二年程度は、東アジアにおいて対米優位の状況となります。この間に、日本が、あるいは日本とドイツとが、英米の戦略的な弱点を突くことによって、英米との間でいったんの講和に持ち込むことが、日本にとってのあり得べき戦争戦略となるのです。

そして、そのような状況下において、日本は、軍事行動によって占領したイギリス、オランダ等の領土の生産力を利用し、占領地において打って一丸とする広域経済圏の確立を進めていくのです。この広域経済圏、すなわち大東亜共栄圏の生産力が経済抗戦力として利用されることにより、長期的に英米、特に経済抗戦力において巨大な潜在力を持つ米国に対抗し得ることとなるのです。

英米の経済抗戦力への深い洞察

続いて、「陸軍省戦争経済研究班」では、有沢広巳を始めとして、有能な経済学者を総動員し、英米の経済抗戦力を測定するための戦争シミュレーションを実施しました。その目的は、英米に勝つための、英米の弱点を突くことによって英米との間で一旦の講和に持ち込むための、具体的な戦略の策定です。

そして、この戦争シミュレーションを実施するにあたって、経済抗戦力についての深い考察を行ないました。この考察は、「陸軍省戦争経済研究班」の調査報告書**「英**

日米戦における経済抗戦力推移イメージ

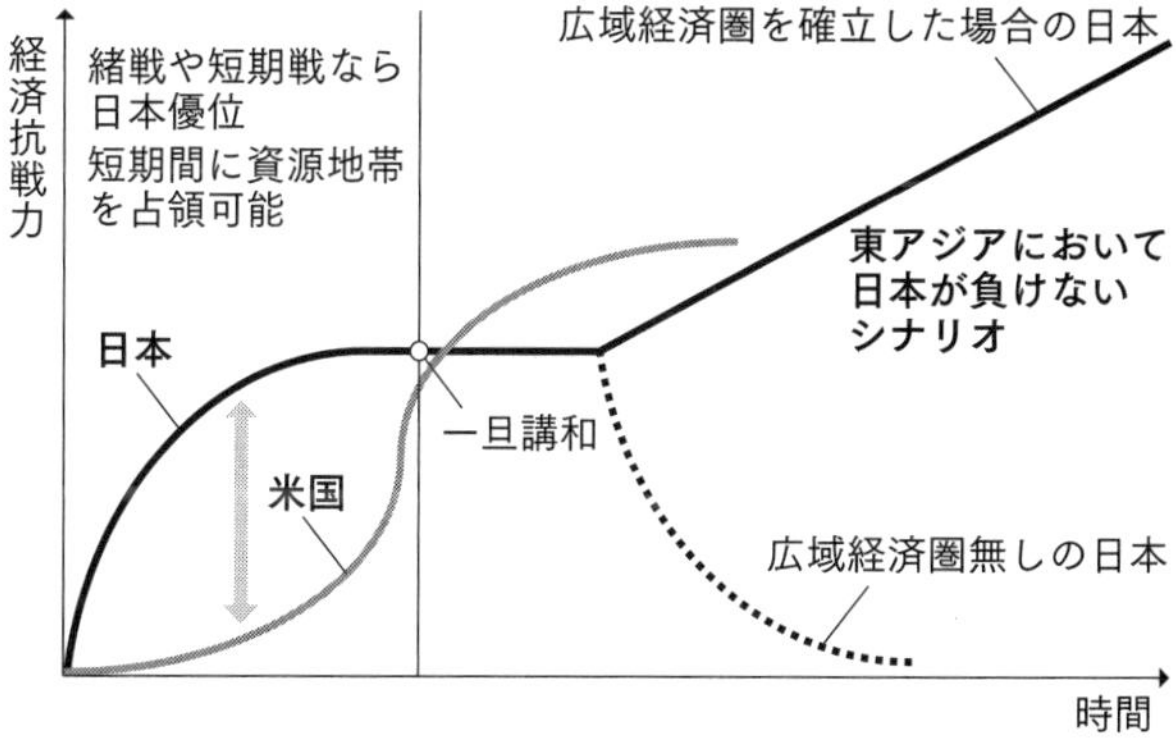

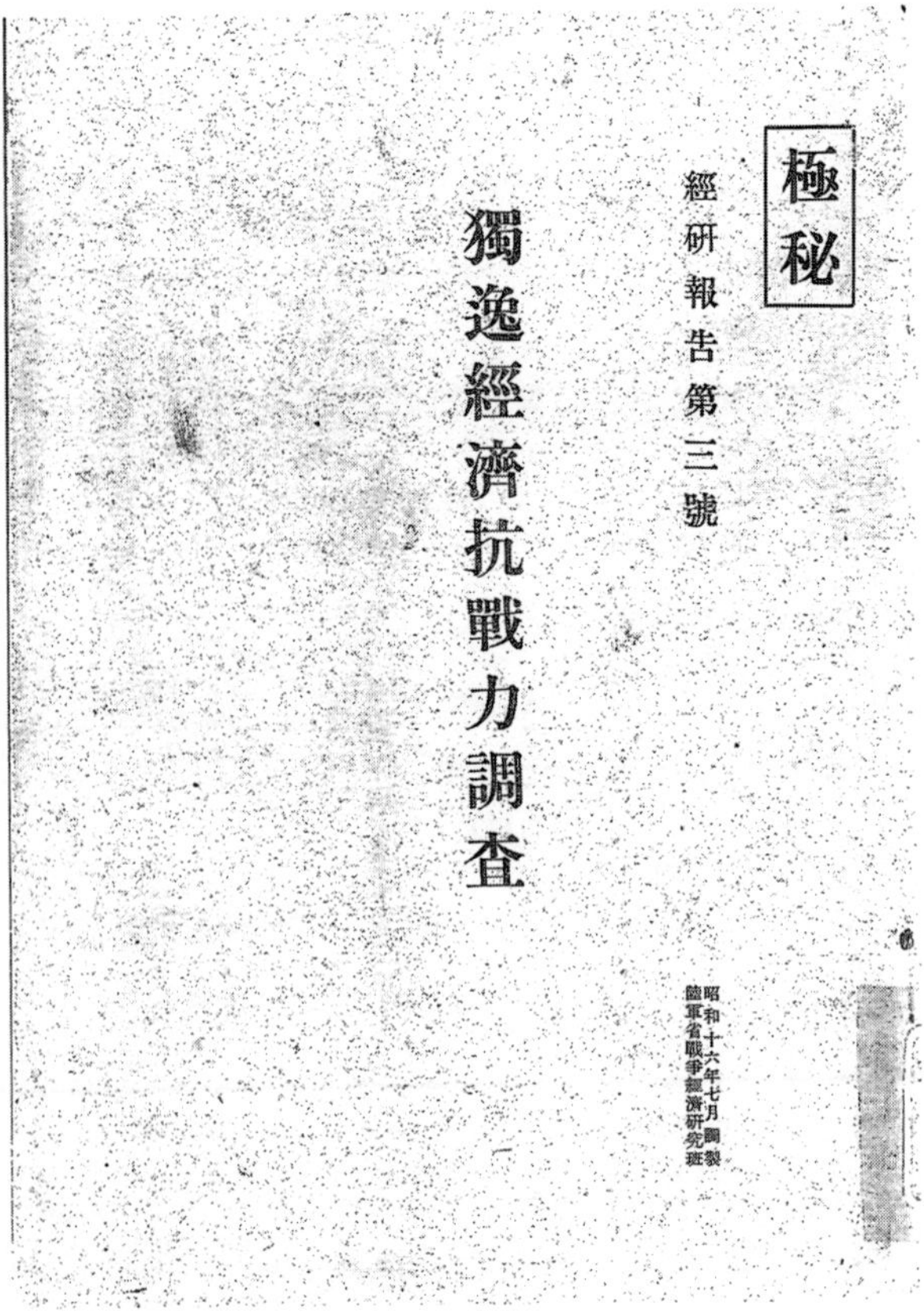
極秘

經研報告第三號

獨逸經濟抗戰力調査

昭和十六年七月調製
陸軍省戰爭經濟研究班

静岡大学付属図書館蔵

米合作經濟抗戦力調査（其二）」（昭和一六年七月）の「序論」に記載されています。なお、「英米合作」とは、米国が英国を軍事的・経済的に支援・援助するという意味で両国を一体として捉える概念です。「陸軍省戦争経済研究班」の研究におけるキーワードです。

ところで、この最も重要な一次史料「英米合作經濟抗戦力調査（其二）」は、ガリ版刷りで百四十頁余に及ぶ分厚い報告書です。現在、そのうちの一冊が発見されていて東京大学経済学図書館に貴重図書として所蔵されています。幸いにも、この「英米合作經濟抗戦力調査（其二）」の全頁を、東京大学経済学図書館・経済学部資料室のデジタルアーカイブで誰でもネットで自由に閲覧できます。百聞は一見に如《し》かず、読者の皆様もどうか一度お試しください。

http://ut-elib.sakura.ne.jp/digitalarchive_02/rare/5512339978.pdf

「英米合作經濟抗戦力調査（其二）」の「序論」の原文は、本書の巻末にも資料として掲載しましたので、そちらも参照してください。

それでは、「英米合作經濟抗戦力調査（其一）」の「序論」を見ていくことにしましょう。

まず、「英米合作經濟抗戦力調査（其一）」では、「序論」の前半部で、経済抗戦力の判断とは、

（1）経済抗戦諸要素の構成とその大小の測定（量的抗戦力）

（2）経済抗戦諸要素の構成に於ける強弱の判定（質的抗戦力）

の二つの要因での測定を基礎とし、それらを総合的に組み立てたものであると言っています。少し難しい書き方ですが、要するに、量的な面と質的な面があるということです。そして、「英米合作經濟抗戦力調査（其一）」の「本論」では量的抗戦力の測定を行ない、質的抗戦力は別冊（其二）にて報告するとしています。

「英米合作經濟抗戦力調査（其一）」の「序論」の前半部では、次に、経済抗戦力を構成する三つの基本的な力について説明しています。「三大支柱」とまで言っていま

す。それらは、「供給力」、「安定力」そして「耐久力」の三つです。

最初の「供給力」はわかりやすい。軍需生産力と言い換えられます。「安定力」は、少しわかりにくいかもしれません。これは、国民経済、国民生活が安定的に保たれる水準の民需への生産物の供給量です。ですから一般に、「供給力」を無理に増やせば、「安定力」は圧迫され損《そこ》なわれます。また、「安定力」のある程度の犠牲なくして、「供給力」を最大限に発揮させることは普通できません。

さて、三つ目の「耐久力」ですが、これは、「一定の安定力を保持しつつ所定の供給力を継続し得べき時間（期間）を意味す」ということですから、「持久期間」と言い換えたほうがわかりやすいかもしれません。英米に比べ、日本の「持久期間」が短いことは、容易に想像されます。この点は、後の戦略策定上、きわめて重要な意味を持ってきます。

経済抗戦力と供給力と持久力との関係は、関数で示されます。

国の経済抗戦力をPとすると、**P（経済抗戦力）＝S（供給力）／T（持久期間）**で捉えるのです。経済抗戦力は、軍事供給力と持久期間のバランスともいえます。イメージとして、たとえば、日本は、短い持久期間ですがかなり大きな経済抗戦力を発揮し得る。アメリカは経済抗戦力は大きいが、最大供給力を発揮するに至るまでに時間を要する、持久期間も長いということです。「陸軍省戦争経済研究班」では経済抗戦力の大小を測定するとは、「最小限度の安定力確保の下に於ける供給力の最大出力の判定」、「一定の安定力確保の下に於ける持久力（期間）の判定」であるとしました。

ここまでが「量的抗戦力」の測定の話です。

続いて、「質的抗戦力」へと論を進めています。「質的抗戦力」の論では、敵の経済抗戦力の構成における弱点（戦略点）の検討の重要性を指摘しています。この弱点を攻撃することによって、敵の経済抗戦力を低下させることができるわけです。

以上が「序論」の前半部です。経済抗戦力に関する基本的な概念をまとめることができました。

「序論」の後半部では、四つの論点を提示しています。戦争シミュレーションや英国・米国に対する経済戦略・戦争戦略の策定に当たって、とても大事なところです。

まず第一の論点は、来る**戦争の規模**の想定です。戦争の規模は、「陸軍省戦争経済研究班」では、支出される戦費の総額と動員兵力で定まるものとしました。

戦費の総額とは、物的戦費の負担能力、すなわち、先の供給力で規定されるとしています。ただし、最小限度の安定力は確保されていなければなりません。そして、最小限度の安定力の確保は国民最低生活費が確保されるときに初めて可能です。国民最低生活費は国民的消費の節約限度で規定されます。国民最低生活費は各国の国民性、経済状況、体制および文化によって異なります。以上を受けて、「陸軍省戦争経済研究班」では、本問題にとっての基本的な要素は物的生産力、労働力、および国民的消費節約力、それに海外からの補給力を加えた四つであるとしました。これら四つの要素の総合により、一定の戦費負担に対して如何《いか》なる過不足を生ずるかを求め得るとしています。以上は**経済抗戦力の静態的観察**です。

第二の論点は、**経済抗戦力の構成における弱点（戦略点）**です。弱点の問題とは、攻撃の主要目標たるべき点の決定の問題です。日本が、英米の弱点を探り出し、戦略点として集中的に攻撃を加えるということです。加えて、弱点の所在とその全関連的な意義を明らかにすべきだとしています。

従来のわが国の経済抗戦力の判断は、抗戦力諸要素の個々のものを断片的に取り扱ったものばかりであり、ことに重要資源を列挙してその自給度を云々《うんぬん》する形をとることがほとんどとなっていました。たとえば、敵には石油が膨大にあるとか、資源力はわが国の何十倍だとか、そういう類《たぐい》の議論です。「陸軍省戦争経済研究班」は、このような単に個々の弱点を指摘するだけでは、けっして抗戦力の判断にはなりえないと断じています。

これはきわめて正しい指摘です。なぜならば、抗戦力は諸力が総合して構成された力であり、したがって個々の弱点は他の力によって相殺《そうさい》あるいは補強されるからです。弱点の全関連的な意義は、抗戦力の構成上における弱点の性格を把握《はあく》することに

よって確認されます。その際、把握されるべき弱点の性格は、

・その弱点は補強されうるか否《いな》か
・その弱点の補強は他の部面に他の弱点を形成しはしないか
・その弱点は他の強点を相殺しはしないか
・その弱点は最弱点に転化する条件を有していないか
・その弱点はさらに悪化する可能性を有していないか

というようなものであるとされています。このような弱点の性格の把握は、要するに弱点を構成的に把握するということです。多面的、立体的に見るということです。

英米の抗戦力における弱点をこのように把握すれば、

（二）供給力の最大出力における弱点の所在を明らかにする

ことができます。

(二) 抗戦持久力を変化させる契機を見出す

第三の論点は、英米の**経済抗戦力に関する動態的観察**です。もし、戦時における年々の生産物から、物的生産力の維持および安定力確保のための国民的消費に必要な物資を控除し、その残額をもって戦費を賄《まかな》うことができるのならば、当該国はその規模の戦争を永続的に遂行できます。

これに反してその残額をもって戦費を賄うことができない場合には、戦費は安定力確保のための国民的消費部分に喰い込むこととなりますので、それだけ安定力を失うこととなります。さらに国民的消費部分の喰い込み可能程度には絶対的な限界があるのですから、その時においてなお戦費補塡に不足するとすれば、戦費は国富、特に過去の蓄積部分に喰い込まざるを得ません。

このようにして英米の抗戦持久力は次第に枯渇《こかつ》していきます。もっとも、これは海外からの補給がない場合のことです。海外からの補給が可能な場合には、当然それだけ英米の抗戦持久力が延長されます。このようにして一国の抗戦持久力の推移並びにそれを決定する諸条件を確定することができます。

第四の論点は、英米の**抗戦持久力をいかにして変更**させることができるのかということです。如何なる弱点（戦略点）に攻撃を集中することによって、当該国の抗戦持久力にどのような変化が引き起こされるかを、決定することです。

「陸軍省戦争経済研究班」では、以上の四つの論点の検討を基とすれば、英国・米国に対する戦争戦略の策定が可能になるとの展望を持っていたのです。

これは、きわめて論理的な展開です。

英米経済抗戦力シミュレーションの実施

さあ、英米の経済抗戦力シミュレーション、肝心の戦争シミュレーションです。

「陸軍省戦争経済研究班」では、経済抗戦力に関する深い洞察に基づき、英米合作を前提として戦争シミュレーションを実施しました。これは戦争遂行のためのきわめて正しい前提です。現実の歴史がそのような展開となっていることに驚きます。この戦争シミュレーションに、これより、読者の皆様に参加していただきます。筆者と一緒に戦争シミュレーションを追体験してみましょう。

英米の経済抗戦力シミュレーション、すなわち、戦争シミュレーションは、「陸軍省戦争経済研究班」の調査報告書「英米合作經濟抗戦力調査（其一）」の「本論　英米合作経済抗戦力の大きさの測定」に、そのプロセスと結論が、詳述されています。なお、この「英米合作經濟抗戦力調査（其二）」の「本論」では、主として英米の経済抗戦力の量的側面が扱われており、その「判決」部分においては質的側面での検討結果をも加味しての総合的な結論が取りまとめられています。「判決」とは当時の言葉遣いであって、今でいう「結論」を意味します。

少し先走りますが、「英米合作經濟抗戦力調査（其一）」の「判決」と「本論」とを見比べますと、「英米合作經濟抗戦力調査（其二）」の「判決」に関わりながら「英米合作經濟抗戦力調査（其二）」の「本論」で十分には説明されていない事柄として、英本国・属領・植民地から構成される大英帝国内の物的生産力・労働力・海外補給力等の経済抗戦力に関わる諸力の連関や各地の軍事力、英本国の戦争経済の構造、米国の軍事・経済・産業・社会構造と現下の世界戦略、英米の保有船腹の利用状況、ソ連および重慶《じゆうけい》支那の軍事情勢や国際政治情勢、空襲や潜水艦戦の在り方などの詳細検討が挙げられます。

これらの相当部分は、「英米合作經濟抗戦力調査（其二）」や本書巻末の「参考文献」一覧に記載されている

・「物的資源力より見たる英国の抗戦力」
・「人的資源力より見たる英国の抗戦力」
・「資本力より見たる英国の抗戦力」
・「生産機構より見たる英国の抗戦力」

・「貿易及び配給機構より見たる英国の抗戦力」
・「交通機構より見たる英国の抗戦力」
・「経済的抗戦力要素としての印度及緬甸」
・「生産機構より見たる豪州及新西蘭の抗戦力」
・「物的資源力より見たる米国の抗戦力」
・「人的資源力より見たる米国の抗戦力」
・「資本力より見たる米国の抗戦力」
・「生産機構より見たる米国の抗戦力」
・「貿易及び配給機構より見たる米国の抗戦力」
・「交通機構より見たる米国の抗戦力」
・「一九四〇年度米国貿易の地域的考察並びに国別、品種別」
・「蘇聯邦経済力調査」
・「支那民族資本の経済戦略的考察」

などの抗戦力判断資料等で扱われています。

ちなみに、「印度」はインド、「緬甸」はビルマ。「豪州」はオーストラリア、「新西蘭」はニュージーランド。「蘇聯」はソ連です。「緬甸」などは、今の私たちにはとうてい読めません。

「英米合作經濟抗戦力調査（其二）」は、最近都内の古書店で発見され、東京大学経済学部資料室で解体修理される予定です。東京大学経済学部資料室によりますと、解体修理が終わりましたら、「英米合作經濟抗戦力調査（其一）」と同様にデジタルアーカイブで公開される予定です。「英米合作經濟抗戦力調査（其二）」では、英米両国を中心に各国の経済情報を収集・分析して「英米合作經濟抗戦力調査（其一）」の裏付け情報がまとめられていますが、そのエッセンスはすべて「英米合作經濟抗戦力調査（其一）」に記載されています。

なお、「陸軍省戦争経済研究班」による厖大な調査の全体像は、現時点ですべてを明らかにできたわけではなく、今後のさらなる資料発掘と検証の余地が残されています。

さて、話を戻します。「英米合作經濟抗戦力調查（其二）」の「本論　英米合作経済抗戦力の大きさの測定」の構成は、次のようになっています。

本　論　英米合作経済抗戦力の大きさの測定
第一章　戦争規模の想定
第二章　戦費調達源泉の分析
第三章　英本国経済抗戦力の大きさの測定
　第一節　社会生産物に基づく戦費調達力
　第二節　戦時労力配置に基づく戦費調達力
　第三節　船腹配置に基づく戦費調達力
　第四節　結論
第四章　米国経済抗戦力の大きさの測定
　第一節　社会生産物に基づく戦費調達力
　第二節　戦時労力配置に基づく戦費調達力

第三節　船腹配置に基づく戦費調達力
第四節　結論
第五章　英米合作経済抗戦力の大きさに関する判定

戦争シミュレーションを行なうためには、まず、戦争の規模を想定することが必要です。このため、「本論　英米合作経済抗戦力の大きさの測定」でも、最初に、一定の戦争規模を想定しています。その上で、英米の経済抗戦力を多角的に検討していきます。そこから、英米合作の弱点（戦略点）を探り出すのです。「本論」全体の最終目的は、日本やドイツの枢軸側の戦い方、具体的な戦争戦略を提示することです。

「本論」につきましては、本書に原文は掲載しません。以下、著者が各章をまとめた内容を、じっくりと見ていくことにします。このことによって、「陸軍省戦争経済研究班」が実施した戦争シミュレーションを一緒に追体験していきます。数字がたくさん出てきて面倒に思われるかもしれません。しかし、計算は主として足し算と引き算です。計算をまとめた図表を要所要所に入れますので、それらを参照しながら読み進んでみてください。

さて、「戦争規模の想定」です。先ほどの第一の論点で見ましたように、戦争規模は、支出される戦費の総額と動員兵力で規定できます。

まずは、**戦費の総額**です。すでに、英米では、欧州で始まっている第二次世界大戦に関して、戦争の実情に即した詳細な戦費分析が行なわれています。その情報に基づき、「陸軍省戦争経済研究班」では、英国および米国の必要年間戦費を、前大戦、すなわち第一次世界大戦の倍と仮定します。すなわち、英国の必要年間戦費は四十億磅《ポンド》、米国のそれは二百億弗《ドル》となります。

この「倍」というのは、第一次世界大戦から第二次世界大戦へと、近代戦、総力戦というものが、質・量ともにいっそうの深化を遂げた結果を織り込んだものと捉えることができます。**【表1】**をご覧ください。「磅」は見慣れない字ですが、ポンドです。「弗」はドルです。当時の換算レートでは、四十億磅はほぼ二百億弗に相当し、

[表1]
英米合作経済抗戦力シミュレーションの前提

	英　国	米　国
戦　費 (年間)	４０億磅《ポンド》 (８００億円)	２００億弗《ドル》 (８００億円)
動員兵力	４００万人	２５０万人
社会生産物 (年間)	２７億磅 (５４０億円)	５０７億弗 (2,０２８億円)

・当時の日本のＧＤＰは２００億円。

円換算では八百億円です。これがどのくらいの規模イメージかと言いますと、私たちのよく知るＧＤＰ（国内総生産）に近い概念である「社会生産物」が、当時、円換算で英国は約五百四十億円、米国は約二千億円でした。この「社会生産物」というのは、小売りは除かれていますが、特に、英国の約五百四十億円という経済規模にとっては、年間戦費八百億円は莫大な金額であったと言えます。ちなみに、一九三七年（昭和一二年）当時の日本の国家予算は約三十億円、ＧＤＰは約二百億円でした。日本の経済規模と比較すると、八百億円の年間戦費は、厖大な金額です。

想定としても、この戦争は大きい、とてつもなく大きいということがわかります。

第二次世界大戦をふりかえってみた場合、実際に費やした戦費の規模はどうだったのでしょうか。現実に英国が費やした戦費の規模はほぼこのシミュレーションの想定通りでした。一方、米国が費やした戦費の規模は、この想定を大きく超えました。総戦費でみますと、前大戦（第一次世界大戦）の総戦費の二倍を遥かに超えて十倍にも達し、総額は一・四兆円に上りました。この金額は、同期間での日本の戦費の六倍、英国の戦費の五倍の規模でした。

結果的に、米国も必死になって、髪を振り乱して戦争に全力を注いだのです。米国が当初の予想以上のエネルギーをこの戦争に注ぐことになった経緯は後に詳しく述べます。

次に、**動員兵力**です。動員兵力を、「陸軍省戦争経済研究班」では、英国は前大戦（第一次世界大戦）の実例を基に四百万人、米国は政府当局による発表を基に判断した最大数二百五十万人としました。

ルーズベルト大統領は、一九四一年（昭和一六年）一月初頭の一般予算教書演説において、最新装備を要する百四十万人の常備軍の建設を要求しました。

従来の総兵力は二十五万人です。この常備軍建設は着々と実行されて、同年七月一日までに完成される予定でした。ところが、同年四月、パターソン陸軍次官は上院国防特別委員会において、「米国が一層の兵員を必要とする場合のため」、さらに八十万乃至《ないし》百万人の兵員徴募の意向を発表しました。

したがって、当時、米国陸軍としては、二百五十万人程度の兵力を準備しつつあるものと考えられました。もっとも、第一次大戦において、米国は、参戦後に四百二十万人前後の兵力を動員し、その中、二百万人程が遠征軍として欧州大陸に派遣され、うち百四十万人が戦線にあったと言われています。

米国の一九四〇年（昭和一五年）における二十歳以上四十四歳以下の推定人口数は五千万人を超えていて、その半数を男性人口としても、二千五百万人に上りますから、せいぜいその一割を徴募することによって二百五十万人の軍隊を編成することができたのです。

米国は人口面でも恵まれていたのです。米国としては、これより多くの兵力を動員することも困難ではないのです。けれども、英米合作にあっては、兵力による英国援助よりも、英国への軍需品供給地となるほうが、より重大な米国の役割と考えられますので、ここは最近の米国当局発表に依った最大数二百五十万人としています。

ここまでが「本論」の第一章です。

続いて、「戦費調達源泉の分析」を見ていきます。戦費調達の源泉、すなわち戦費調達力とは何かということです。結論から言いますと、「陸軍省戦争経済研究班」では、戦費調達の源泉を、国内の社会生産物と海外からの補給、および戦時における労働力配置であるとしています。

そして、海外からの補給については、「事実として米国は武器貸与法を施行して積極的に英国を救援しているのであり、また英米合作の建前からして英国の米国からの海外補給は、主として米国の社会総生産物によって決定されると見ることができる。もしそれ、米国自身の海外補給に至っては、個々のものについてはともあれ、全体としての海外補給必要量の軽少なるに対し海外補給力は厖大なることは、この問題をまったく無意義ならしめるに充分である。むしろ英米合作にとっては、海外補給の問題は補給力そのものの問題ではなく、補給路の問題、即《すなわ》ち船腹の問題として現はれるのである」として、「船腹の問題」に転換しています。

物を運ぶ船が大事なのです。これも、至極妥当な洞察です。

したがって、この後の、英国、米国の経済抗戦力の大きさの測定では、社会生産物に基づく戦費調達力、戦時労働力配置に基づく戦費調達力に加えて、「船腹の問題」、つまり、船腹配置に基づく戦費調達力を分析・検討していくことになります。

ここまでが「本論」の第二章です。

私たちの目の前に、英米の経済抗戦力測定の具体的な骨格が見えてきました。

英国の経済抗戦力を測定

さて、ようやく「英本国経済抗戦力の大きさの測定」に入ることができます。それでは、英国は想定した戦費四十億磅《ポンド》をいかなる程度において賄《まかな》い得るかについての、社会生産物、労働力配置、船腹配置の観点からの検討を始めましょう。

戦前において英国の「社会生産物」が最高額に達したのは一九三七年（昭和一二年）です。総額は二十六億七千六百万磅《ポンド》でした。先ほど述べましたように、社会生産物とは、ほぼGDPすなわち国内総生産に近い概念と考えられます。

次に、この年の英国の輸入超過額は四億三千九百万磅《ポンド》でした。この輸入超過額は海外補給額と見ることができます。したがって、社会生産物の総額と輸入超過額の合計、三十一億一千五百万磅《ポンド》が、この年の英国の財貨供給量であったということになるわけです。【表2】をご覧ください。数字は四捨五入により億単位としています。

ここで、社会生産物を、軍需産業生産物、準軍需産業生産物、平和産業生産物の三つに分けます。戦時においては軍需に転換され得る消費財を準軍需産業生産物と言い、戦時においてもその消費の性質上個人的消費に止《とど》まるものを平和産業生産物と呼びます。この分類により、一九三七年（昭和一二年）の英国の社会生産物を、軍需産業生産物が六億六千万磅《ポンド》、準軍需産業生産物が八億六千七百万磅《ポンド》、平和産業生産物が十一億四千九百万磅《ポンド》に分けています。したがって、準軍需産業の軍需産業への転換が完了しますと、海外補給としての入超額も加味して、軍需向け供給量は十五億八千七百万磅《ポンド》、民需向け供給量は十五億二千八百万磅《ポンド》となります。

さて、この物資供給量に対して、戦費必要額は、一九四〇年（昭和一五年）現在の貨幣価値で四十億磅《ポンド》でした。物価変動を考慮して一九三七年（昭和一二年）現在の貨幣価値に換算しなおすと三十二億磅《ポンド》になります。この三十二億磅《ポンド》は、「コーリン・

［表２］英国の社会生産物の観点からの戦費調達力

■物資供給力（1937年）

社会生産物	27億磅
輸入超過	4億磅
合計	31億磅

軍需向け供給量（軍需・準軍需産業生産物）	16億磅	A
民需向け供給量（平和産業生産物）	15億磅	B
合計	31億磅	

■戦費必要額（1937年ベース）

装備費	25億磅	C
給養費	7億磅	D
合計	32億磅	

■国民最低生活費（42%切り下げ）

11億磅	E

■新投資および償却の資本支出

5億磅	F

■政府需要

2億磅	G

■戦時不足額

軍需向け供給不足額	14億磅	A－C－F
民需向け供給不足額	2億磅	B－D－E
政府需要	2億磅	G
合計	**18億磅**	

↓ 労働力追加（後述）

16億磅

クラークの産業分類」で有名な英国出身の経済学者コーリン・クラークの研究に基づき、三・五対一の比率で装備費と給養費に分けることができます。給養費とは、簡単に言いますと、軍隊の生活費です。そうしますと、装備費は二十四億八千九百万磅《ポンド》、給養費は七億一千百万磅《ポンド》となります。

必要な装備費二十四億八千九百万磅《ポンド》に対して、軍需向け供給量は十五億八千七百万磅《ポンド》と、九億一百万磅《ポンド》の不足が生じることがわかります。ここで、新投資および償却の資本支出を五億磅《ポンド》ほど考慮すると、不足は十四億一百万磅《ポンド》に拡大します。給養費のほうは民需向け供給量十五億二千八百万磅《ポンド》から充《あ》てられます。給養費七億一千百万磅《ポンド》を差し引くと、民需向け供給量は八億一千七百万磅《ポンド》となります。

ところで、英国の国民最低生活費は、平時の民間消費を約四十二%切り下げた十億六千六百万磅《ポンド》と推定されています。英国国民は日本国民ほどではないにしても相当に我慢強く、生活水準のかなりの切り下げを甘受し得たようです。後に述べる米国の場合とは大きく異なります。それでも、民需向け供給量は、八億一千七百万磅《ポンド》から今求めた国民最低生活費十億六千六百万磅《ポンド》を差し引いて、二億四千九百万磅《ポンド》不足します。さらに、政府需要が一億五千万磅《ポンド》存在します。

以上、軍需向け供給量の不足、民需向け供給量の不足、政府需要を合計しますと約十八億磅《ポンド》にもなります。この約十八億磅《ポンド》という不足額は、一九三七年（昭和一二年）現在の供給量が確保され、これをもって、戦費必要量と国民生活の安定必要量とをともに充足しようとした場合の不足額です。

ところで、英国において、一九三七年（昭和一二年）現在の供給量が戦時においても維持されるかどうかは問題です。と言いますのは、戦時においては、軍隊動員によって大量の労働力の生産現場からの引き上げが行なわれるからです。

先に「戦争規模の想定」で示されたように、英国の動員兵力は四百万人と想定します。現役兵が二十五万人いますので、新規徴募兵員は差し引き三百七十五万人です。新規徴募三百七十五万人が、英国の生産年齢人口三千二百八十七万五千人に対して、有業者と無業者との区別なく、また産業による区別なく均等に行なわれるとして、兵員動員後の人口の配置を計算してみます。

そうしますと、無業人口が一千三百六十九万五千人、有業人口が一千九百十八万人となり、有業人口の内訳として、軍需産業二百十二万二千人、準軍需産業三百七十五万七千人、平和産業四百三十六万七千人、サービス部門七百七十万四千人、そして失業者百二十三万人となります。失業者も、「有業人口」に含めます。**〔表3〕**をご参照ください。なお、数字は四捨五入してあります。

英国の労働生産性を考慮すると、戦費三十二億磅《ポンド》の物的生産価値を生産するのに要する労働力は、装備費充足のために一千百三十八万人、給養費充足のために三百二十四万七千人、併《あわ》せて一千四百六十二万七千人となります。

また、同様にして、国民最低生活費十億六千六百万磅《ポンド》の物的価値を生産するに要する労働力は、四百九十一万二千人となります。

装備費充足のための所要労働力一千百三十八万人は、軍需産業二百十二万二千人および準軍需産業三百七十五万七千人にて賄われますが、ここに五百五十万一千人の不

[表3] 英国の労働力配置の観点からの戦費調達力

■動員兵力

現役兵	25万人
新規徴募	375万人
合計	400万人

■兵力動員後の生産年齢人口配置

有業者	1,918万人	軍需産業	212万人	A
		準軍需産業	376万人	B
		民需(平和産業)	437万人	C
		サービス部門	770万人	D
		失業者	123万人	
無業者	1,370万人			

■必要労働力

装備費	1,138万人	E
給養費	325万人	F
国民最低生活費	491万人	G
新投資および償却の資本支出、政府需要	300万人	H

A＋B－E＝△550万人
C－F－G＝△379万人

■戦時不足人数

労働力不足人数	929万人	A+B−E+C−F−G
サービス部門・失業者・無業者の充当、新投資・償却の資本支出および政府需要を考慮後	**729万人**	
労働力不足729万人を社会生産物額に換算	**15.9億磅**	

↓ 輸入超過分 4.4億磅を考慮

11.5億磅(57.5億弗)を米国からの完成品輸入で賄う必要あり
(3,809万噸の貨物)

足を生じます。

また、給養費充足のための所要労働力三百二十四万七千人および国民最低生活費充足のための所要労働力四百九十一万二千人は、平和産業四百三十六万七千人にて賄われますが、ここでも三百七十九万二千人の不足が生じます。合計して、所要労働力に対する不足は、九百二十九万三千人という膨大なものとなります。

この不足を埋めるものは、まず、失業者です。そして次は、女性が多数を占める無業者です。この時代、女性の就業率はまだ低かったのです。加えて、サービス部門からの転換があります。これらは各々、失業者より百万人、無業者より二百万人の動員が可能とされ、サービス部門から二百万人、合計では五百万人の動員となります。

かくして、所要労働力に対する不足は、四百二十九万三千人に減少します。ただし、ここに、設備の更新投資五億磅《ポンド》および政府需要一億五千万磅《ポンド》に対応する労働力、併せて二百九十九万五千人を追加しなければならないので、所要労働力に対する不足は、合計七百二十八万八千人となります。この七百二十八万八千人に対応する物的生産価値は、約十五億九千万磅《ポンド》です。

先に見たように英国の物資供給量の不足額は約十八億磅《ポンド》でしたので、戦時労働力配置によって、不足額は二億一千万磅《ポンド》だけ減少することになります。なお、一九三七年（昭和一二年）の英国の産業界はほぼ完全操業に近い状態であったと見られていますので、追加労働力の充用のためには、既存設備利用の時間延長、一交代制のものは二交代制に、二交代制のものは三交代制とするような対応が必要となります。

さらに、平時輸入量が確保できるとして、輸入超過四億三千九百万磅《ポンド》を追加供給として不足額約十五億九千万磅《ポンド》に加えたならば、**英国の物資供給量の不足額は約十一億五千万磅《ポンド》に減じます。この不足額約十一億五千万磅《ポンド》は、英国が最大限の戦時労働力配置を敢行した上での絶対的な不足額です。この不足額約十一億五千万磅《ポンド》（五十七億五千万弗《ドル》）は、米国より戦時需要に即応した形態の軍需品を主とする完成品として輸入される必要があります。**

この十一億五千万磅《ポンド》（五十七億五千万弗《ドル》）は、円に換算しますと二百三十億円です。

当時の日本の国家予算が約三十億円でしたから、その約八倍という大変な金額です。ここで、武器貸与法により米国から無制限に援助がある英米合作がモノをいうのです。

この軍需品を主とする完成品約十一億五千万磅《ポンド》（五十七億五千万弗《ドル》）は、貨物噸《トン》数に換算しますと三千八百九万噸《トン》になります。ちなみに、大西洋の米国と英国との間を貨物船が年間に往復可能な回数を考慮して、三千八百九万噸《トン》の貨物を運ぶために保有していなければならない船腹量を求めますと、三百六十二万総噸《トン》になります。これらの数字は、英米合作の弱点を摑《つか》む際の船腹の議論で再び出てきます。

英国が絶対的な物資供給量の不足額を約十一億五千万磅《ポンド》に止めるためには、平時輸入量とともに、原料供給としての戦時追加輸入量が確保されなければなりません。この海外補給の問題は、第一は英国の輸入力の問題であり、第二は海運の問題です。英国の輸入力の問題は主として対外支払能力の問題であり、場合によっては決定的な問題たり得るものですが、前にも述べました通り、ここでは、武器貸与法により米国から無制限に援助がある英米合作による抗戦力の大きさを測定するのですから、これは無視することができます。

一方、海運の問題は船腹の問題です。船積地は米国ですが、この米国に援英物資がいくらあろうとも、この物資が英国に送られなければ英米の合作は完成されません。ここにおいて、英国の戦争経済にとって、船腹の問題が、物資生産および労働動員にも増して重大問題であることがわかります。

当時の貿易統計によりますと、英国の平時、すなわち一九三七年（昭和一二年）の輸入貨物量は六千三百七十万噸《トン》です。さて、これに加わる戦時追加輸入貨物量はどのくらいでしょうか。私たちは、先に、英国が約十八億磅《ポンド》の物資供給力の不足があることを確認しました。

この、約十八億磅《ポンド》で論を進めます。約十八億磅《ポンド》の内訳は、消費財（民需資材）約二億五千万磅《ポンド》、生産財（軍需資材）十五億五千万磅《ポンド》と大別しています。ここから、貿易統計に基づいて生産金額と輸入貨物量の関係を導くと、戦時追加輸入貨物量は、消費財（民需資材）は三百八万噸《トン》、生産財（軍需資材）は三千三百三十二万噸《トン》、合計三千六百四十万噸《トン》と計算できます。よって、英国が戦時に輸入すべき貨物噸《トン》数、すなわち年間戦時輸入貨物量は、平時輸入貨物量六千三百七十万噸《トン》と戦時追加輸入貨物量三千六百四十万噸《トン》との合計の一億十万噸《トン》と見積もることができます。**〔表4〕**をご参照ください。「一億十万噸《トン》」は、四捨五入して「一億噸《トン》」と表示してあります。

さて、これに対して、英国が現に保有する遠洋適格船は一千四百六十八万総噸《トン》です。貨物積載噸《トン》数に換算すると、一千七百六十一万六千噸《トン》となります。一千七百六十一万六千噸《トン》の貨物を遠洋適格船に載せて運べるということです。英国が必要とする物資は、英米合作の観点から、ことごとく米国が供給することとします。

積出港は米国の東海岸です。英国船による米国と英国との間の大西洋の往復は、戦時においては、ドイツの潜水艦等からの攻撃に対する防御の観点から、当然、護送船団方式にします。護送船団方式は、集合地点における待機、ジグザグの航路、速力の低下などのため、通常の航海より日数がかかり、大西洋一往復は平均約四十三日になります。したがって、一年に一カ月休航するとして、年間ベースで七・八往復となるのです。

［表４］英国の船腹配置の観点からの戦費調達力

■年間戦時輸入貨物量

平時 輸入貨物量				6,370万噸	1億噸	A
戦時追加 輸入貨物量	戦時 不足額	消費財	2.5億磅	308万噸		
		生産財	15.5億磅	3,332万噸		
		計	18.0億磅	3,640万噸		

■海上輸送力物量

保有遠洋適格船	1,468万総噸	
貨物積載噸数	1,762万噸	
貨物積載噸数×7.8 （大西洋年間往復回数）	13,740万噸	B

■海上輸送余力

輸送余力	3,740万噸	B－A
米国からの完成品輸入により不要となった原料輸入分を加算後	6,337万噸	後述

↓

（大戦が始まるまでは、）英国の海上輸送余力は十分であった。

英国保有の遠洋適格船による一年間の貨物輸送量は、戦前の英国が現に保有する遠洋適格船の貨物積載噸《トン》数一千七百六十一万六千噸《トン》を七・八倍した一億三千七百四十万噸《トン》となります。英国は、英国保有の遠洋適格船を挙げて米国からの物資輸送に充《あ》てたとすれば、開戦当初は、平時輸入貨物量噸《トン》数と戦時追加輸入貨物噸《トン》数との合計である一億十万噸《トン》を輸送した上で、なお三千七百万噸《トン》以上の輸送余力を残すことになるのです。

ここまでが「本論」の第三章です。

英国についての検討は、ようやくここで一区切りです。

米国の経済抗戦力を測定

いよいよ、「米国経済抗戦力の大きさの測定」です。米国については、社会生産物、労働力配置、船腹配置の観点から、想定した戦費二百億弗《ドル》をいかに賄い得るかを検討することはもちろんです。しかし、気をつけなければならないことは、それ以上に、米国は英国の軍需資材供給地として対英援助をどの程度に供給し得るかが、英米合作の抗戦力を判断する上でむしろ重要であるということです。
加えて米国は、国際情勢の進展とともに重慶支那すなわち蔣介石政権およびソ連に対しても軍需資材の供給を約し、いわゆる民主主義国家群に対する軍需資材供給の総元締めたる感を呈するに至っていました。したがって、英米合作の抗戦力を判断するに当たっては、米国が自国の軍備を完成させながら、英国の供給不足額を補った上で、なおどれくらいの供給余力があるかが重要な課題となるのです。

まず、一九三七年（昭和一二年）における米国の社会生産物の純生産額は約五百七億弗《ドル》と把握されています。英国の一九三七年（昭和一二年）における社会生産物が約二十七億磅《ポンド》であったのに対して、その約三・八倍の百一億磅《ポンド》に相当します。【表5】をご参照ください。

英国の場合で見たように、社会生産物は、軍需産業生産物、準軍需産業生産物、平和産業生産物の三つに分類することができます。戦時においては軍需に転換される消費財を準軍需産業生産物といい、戦時においてもその消費の性質上個人的消費に止ま

［表５］ 米国の社会生産物の観点からの戦費調達力

■物資供給力(1937年)

社会生産物	507億弗 (101億磅)	軍需・準軍需産業生産物	282億弗	A
		平和産業生産物	225億弗	B

英国の3.8倍

■戦費必要額(1937年ベース)

装備費	166億弗	C
給養費	47億弗	D
合計	214億弗	

■国民最低生活費(16%切り下げ)

265億弗	E

■新投資および償却の資本支出

80億弗	F

■政府需要

21億弗	G

■戦時不足額

軍需向け供給余力額	15億弗	A－C－F－G
民需向け供給不足額	**73億弗**	15億弗＋B－D－E

るものを平和産業生産物と呼びます。

この分類によりますと、一九三七年（昭和一二年）の米国の社会生産物は、軍需産業生産物が百二十一億九千九百万弗《ドル》（二十四億四千万磅《ポンド》）、準軍需産業生産物が百六十億一千二百万弗《ドル》（三十二億磅《ポンド》）、平和産業生産物すなわち民需向供給量が二百二十四億七千八百万弗《ドル》（四十五億磅《ポンド》）と分けられます。したがって、準軍需産業の軍需産業への転換が完了しますと、軍需向け供給量は二百八十二億弗《ドル》余（約五十六億磅《ポンド》）となります。

さて、この物資供給量に対して、戦費必要額は、一九四〇年（昭和一五年）現在の貨幣価値で二百億弗《ドル》でした。一九三七年（昭和一二年）現在の貨幣価値に換算しなおすと二百十三億六千百万弗《ドル》です。この二百十三億六千百万弗《ドル》を、英国の場合と同様、三・五対一の比率で装備費と給養費に分けます。そうしますと、装備費は約百六十六億弗《ドル》、給養費は約四十七億弗《ドル》となります。必要な装備費約百六十六億弗《ドル》に対して、軍需向け供給量は二百八十二億弗《ドル》余であり、百十六億弗《ドル》の余力があることがわかります。ここから、新投資および償却の資本支出約八十億弗《ドル》、生産財を主とする政府需要約二十一億弗《ドル》を充当しても、なお、十五億弗《ドル》の余力が残ります。

一方、民需向け供給量は、平和産業生産物二百二十五億弗《ドル》と右の余力の民需転換十五億弗《ドル》を合わせて、二百四十億弗《ドル》です。これが充当されるのが、給養費約四十七億弗《ドル》と国民最低生活費約二百六十五億弗《ドル》で、併せて三百十二億弗《ドル》です。

米国の国民最低生活費は、平時民間消費からの切り下げ率が英国が約四十二%であったのとは対照的に十六%に止まるため、約二百六十五億弗《ドル》となります。米国では、国民生活の高率での切り下げは、政治的にも社会的にも種々の困難を伴う状況だからです。

国民最低生活費の大幅な引き下げを行なうより、むしろ、生産拡充により供給量の増加を図るほうが容易な国なのです。恵まれた国だったのです。現在の私たちにも感覚的に理解できます。ことに、米国が英国を始め、いわゆる民主主義国家群に対する軍需品供給基地になるとする前提の下では、いっそう然《しか》りです。このような計算の結果、民需向け供給量が約七十三億弗《ドル》の不足になることが算定されます。

しかしながら、米国の場合、遊休労働力も遊休設備もまだまだ多く存在し、一九三七年（昭和一二年）現在の供給量はなお増大し得る多くの余地を持っています。

米国は戦時体制に移行することによって先に見た不足をどのくらいの余力に転じることができるかが、大きなテーマとなります。日本にとっての最大の脅威です。

米国の動員兵力の想定は二百五十万人です。現役兵が三十二万人いますので、新規徴募兵員は二百十八万人です。新規徴募二百十八万人が、米国の生産年齢人口九千三百六万三千人に対して、有業者と無業者との区別なく、また産業による区別なく均等に行なわれるとすると、軍需向け労働力九百七十九万九千人、民需向け労働力（平和産業労働力）一千三百五十九万一千人との計算ができます。〔**表6**〕をご参照ください。数字は四捨五入してあります。

次に、他の国々と比べて著しく高い米国の労働生産性を基に、戦費二百億弗《ドル》の物的

[表6] 米国の労働力配置の観点からの戦費調達力

■動員兵力

現役兵	32万人
新規徴募	218万人
合計	250万人

■兵力動員後の生産年齢人口配置

有業者	軍需・準軍需産業産業	980万人	A
	民需(平和産業)	1,359万人	B
	失業者	857万人	

■必要労働力

装備費	612万人	C	960万人
給養費	304万人	D	
国民最低生活費	1,699万人	E	
新投資および償却の資本支出、政府需要	361万人	F	

A－C－F＝　7万人
B－D－E＝△644万人

■戦時不足人数

労働力不足人数	637万人	A-C-F+B-D-E
失業者を充当後	0	

↓

失業者の充当で不足をカバーできる。

サービス部門からの転換等でさらに約510万人の労働力追加が可能で、新たに138億弗の供給余力を生む（但し、58億弗（11.5億磅）は英国向け）。

生産価値を生産するのに必要とされる労働力を計算します。もうこの頃からすでに、「著しく高い」のです。そうしますと、計算過程は割愛しますが、装備費充足のために六百十一万九千人、給養費充足のために三百三万六千人、併せて九百十五万五千人と算出されます。装備費充足のための所要労働力六百十一万九千人は、軍需向け労働力九百七十九万九千人にて賄われますが、ここに三百六十八万人の余力が生じます。ここから、資本支出および政府需要を賄う労働力を差し引きますが、なお七万一千人の余力を生じることが確認できます。

ただし、注意すべきは、米国の経済抗戦力に関する戦略上の決定的な問題は、準軍需産業の戦時転換にどのくらいの時間がかかるのか、です。

民需向け労働力は一千三百五十九万一千人ですが、まず、給養費充足のための三百三万六千人を差し引くと、残りは一千五十五万五千人となります。国民最低生活費約二百六十五億弗《ドル》を、平和産業における生産性を基礎として所要労働力に置き換えると一千六百九十九万一千人となりますので、ここに六百四十三万六千人の労働力不足が生じることがわかります。先の軍需向け労働力の余力七万一千人を差し引いて、不足は六百三十六万五千人となります。

しかし、米国はこの不足を自らの労働力追加動員によって賄い得ます。まずもっては、失業者八百五十六万八千人の動員が可能なのです。

そして、〔表6〕では割愛していますが、まだまだ米国には無業者やサービス部門の人員などが豊富に控えています。総じて米国は、戦費二百億弗《ドル》の規模の戦争遂行に、動員可能労働力の六十％の動員で十分対応できるのです。


さらに、米国は、追加動員労働力を受け入れる遊休設備の面でも恵まれています。先ほども登場しました「コーリン・クラークの産業分類」で有名なコーリン・クラークによりますと、米国では「一九三七年のブームの絶頂においても、一九二九年（昭和四年）におけるよりも設備能力の遥かに低い割合で生産を行なっていた」のです。一九三七年（昭和一二年）における遊休設備が全設備能力の二十～二十五％に上っていたと推定できます。

米国は、動員兵員二百五十万人、戦費二百億弗《ドル》の規模の戦争を、失業者の労働力動員と遊休設備の活用等により、十分しのげるのです。

それでは、自国の軍備を完成させた米国が、英国の供給不足額を補い、かつ、いわゆる民主主義国家群に対する軍需資材供給を行なうために、なおどれくらいの供給余力があるのでしょうか。

米国は、工業全体の平均一日当たり就業時間六時間三十分の五十分延長や、設備の新設を前提としての先ほど述べましたサービス部門等からの転換により、**軍需生産においてなお約五百十万人の労働力上の余力を持ち、純生産価値で年産百三十八億弗《ドル》に上る軍需資材の供給余力を有します。**

米国はとてつもなく大きい。英国向けの約十一億五千万磅《ポンド》（五十七億五千万弗《ドル》）を除いて、英国以外へは約八十億弗《ドル》の軍需資材の供給余力を有します。

ただし、この最大供給力発揮には、戦時転換の問題がありますので、開戦後一年から一年半の期間を要するのです。日本にとっては、ここが大きな鍵になります。

さて、米国の船舶です。まず、米国の戦時に必要とされる輸入貨物噸《トン》数、すなわち年間戦時輸入貨物量は、平時、すなわち一九三七年（昭和一二年）の輸入貨物量二千三百七十二万一千噸《トン》、七十三億弗《ドル》の民需補塡のために必要とされる追加輸入量二百九十八万四千噸《トン》、百三十八億弗《ドル》の供給余力利用のために必要とされる追加輸入量二百八十八万六千噸《トン》、合計二千九百五十九万一千噸《トン》となります。【表7】をご参照ください。なお、数字は適宜に四捨五入してあります。

米国の輸入相手国は、南米あり、アジアありで、航海日数は一様ではないのですが、平均年十往復すると考えます。そうしますと、一往復当たりは、二百九十五万九千噸《トン》の積載を必要とします。

さて、これに対して、米国の保有船腹、遠洋適格船は五百七十四万九千総噸《トン》であり、貨物積載噸《トン》数に換算すると、六百八十九万七千噸《トン》です。年間十往復ですから、十倍して一年間の貨物輸送量を求めると、六千八百九十七万噸《トン》になります。したがっ

［表7］米国の船腹配置の観点からの戦費調達力

■年間戦時輸入貨物量

平時 輸入貨物量			2,372万噸	2,959 万噸	A
戦時追加 輸入貨物量	戦時不足額	73億弗	298万噸		
	供給余力額	138億弗	原料輸入 289万噸		

■海上輸送力物量

保有遠洋適格船	575万総噸	
貨物積載噸数	690万噸	
貨物積載噸数×10 （年間往復回数）	6,900万噸	B

■海上輸送余力

輸送余力	3,938万噸	B－A

↓

実際は、老齢船が多く、運航力に制約があり、海上輸送余力なし。

て、米国の海上輸送余力は、六千八百九十七万噸《トン》と二千九百五十九万噸《トン》との差、三千九百三十八万噸《トン》となります。これは、貨物船の船腹に換算すると、二百九十二万総噸《トン》に相当します。

しかしながら、実際のところ、米国の保有船舶には老齢船が多く、船員確保も十分に行なわれておらず、繋船されたり、沿岸航路に就航しているものが多いのです。この辺の状況を勘案すると、詳しい説明はここでは割愛しますが、**現実的には米国には積載余力はあまりない**、と考えることが妥当なのです。

このことを認識している米国は、商船の建造に一大努力を傾注していました。

たとえば、米国海事委員会の建造計画だけでも、

一九四一年（昭和一六年）百二十五万総噸《トン》
一九四二年（昭和一七年）三百五十万総噸《トン》
一九四三年（昭和一八年）五百万総噸《トン》

と、なっています。

米国は、一、二年後には、相当に厖大な船腹を有することとなります。英国は、一九四〇年（昭和一五年）五十万総噸《トン》の建造実績で、見通しとしては、一九四三年（昭和一八年）百万総噸《トン》程度であると考えられます。

ここまでが「本論」の第四章です。

英国・米国それぞれ個別の分析が終わりました。

英米合作の弱点を摑む

それでは最後に、「英米合作経済抗戦力の大きさに関する判定」として、読者の皆様と一緒に、これまでのすべての検討・分析を総括しましょう。合作を前提としての英米の致命的戦略点（弱点）を明らかにするのです。対英米戦争戦略策定の核心です。

まず、先に見ましたように、最大限の戦時労働力配置を敢行した上での英国の絶対的な物資供給量の不足額約十一億五千万磅《ポンド》（五十七億五千万弗《ドル》）は主として軍需品であり、米国より戦時需要に即応した形態の完成品として輸入される必要があります。

この軍需完成品約十一億五千万磅《ポンド》（五十七億五千万弗《ドル》）は、貨物噸《トン》数にして三千八百九万噸《トン》であり、船腹に換算して三百六十二万総噸《トン》に相当します。完成品を輸入する分、生産のための原料輸入は要らなくなるので、そのことを考慮して計算し直しますと、英国の輸送余力は「第三章　英本国経済抗戦力の大きさの測定」で計算した三千七百四十万噸《トン》から六千三百三十七万噸《トン》と増えるのです。

したがって、米国からの援英物資三千八百九万噸《トン》の輸送を英国が一手に担《にな》っても、二千五百二十八万噸《トン》の余裕を持ちます。この余裕は、船腹に換算して二百四十万総噸《トン》です。

しかしながら、今次大戦の勃発で事情は劇的に変わったのです。

英国は、ドイツの攻撃により、すでに一九四一年（昭和一六年）五月末現在において、約一千万総噸《トン》の遠洋適格船を喪失していました。ドイツのUボートは強力、無敵でした。

一方、この間、拿捕《だほ》も含めて英国の獲得船舶は、約八百十三万総噸《トン》ですので、差し引き約百九十万総噸《トン》の純減となり、英国の船腹余力は、僅《わず》か五十万総噸《トン》にすぎなくなっていたのです。

先に見ましたように、米国の船腹にも実質上余力がないことを考えると、**問題の核心は、英米の造船能力と、枢軸国側による撃沈速度の競争となったのです。英米合計の造船能力は、一九四三年（昭和一八年）においては月五十万総噸《トン》と考えられますので、月平均五十万総噸《トン》以上の撃沈は、米国の対英援助を無効ならしめていきます。そして、月平均五十万総噸《トン》以上の撃沈は、きわめて現実的な数字でした。**ここに、合作を前提としての英米の致命的戦略点（弱点）があったのです。

実際、この後も、ドイツはUボートの威力を発揮して、一九四一年（昭和一六年）

から一九四二年(昭和一七年)にかけて、月平均三十六万総噸《トン》から六十五万総噸《トン》、多い月では、七十万総噸《トン》から八十万総噸《トン》を撃沈していきます。ドイツの潜水艦作戦は、英米合作に対して、相当のダメージを与えたのでした。

ついに私たちは、対英米戦略策定の核心に達したのです。

ここまでが「本論」の第五章です。

けれども、当初無敵の潜水艦であったUボートも、戦争の後半戦では、英米のレーダー技術の発達を含めた対潜能力の向上により、逆に撃沈されるケースが増えていくことを、この際付言しておきます。

対英米戦争戦略の最終結論

「陸軍省戦争経済研究班」では、以上のシミュレーションの結論として、わが国が「二年程度と想定される短い持久期間で最大軍事供給力、すなわち最大抗戦力を発揮

英米合作の弱点

弱点は11.5億磅(57.5億弗)に達する完成品の海上輸送

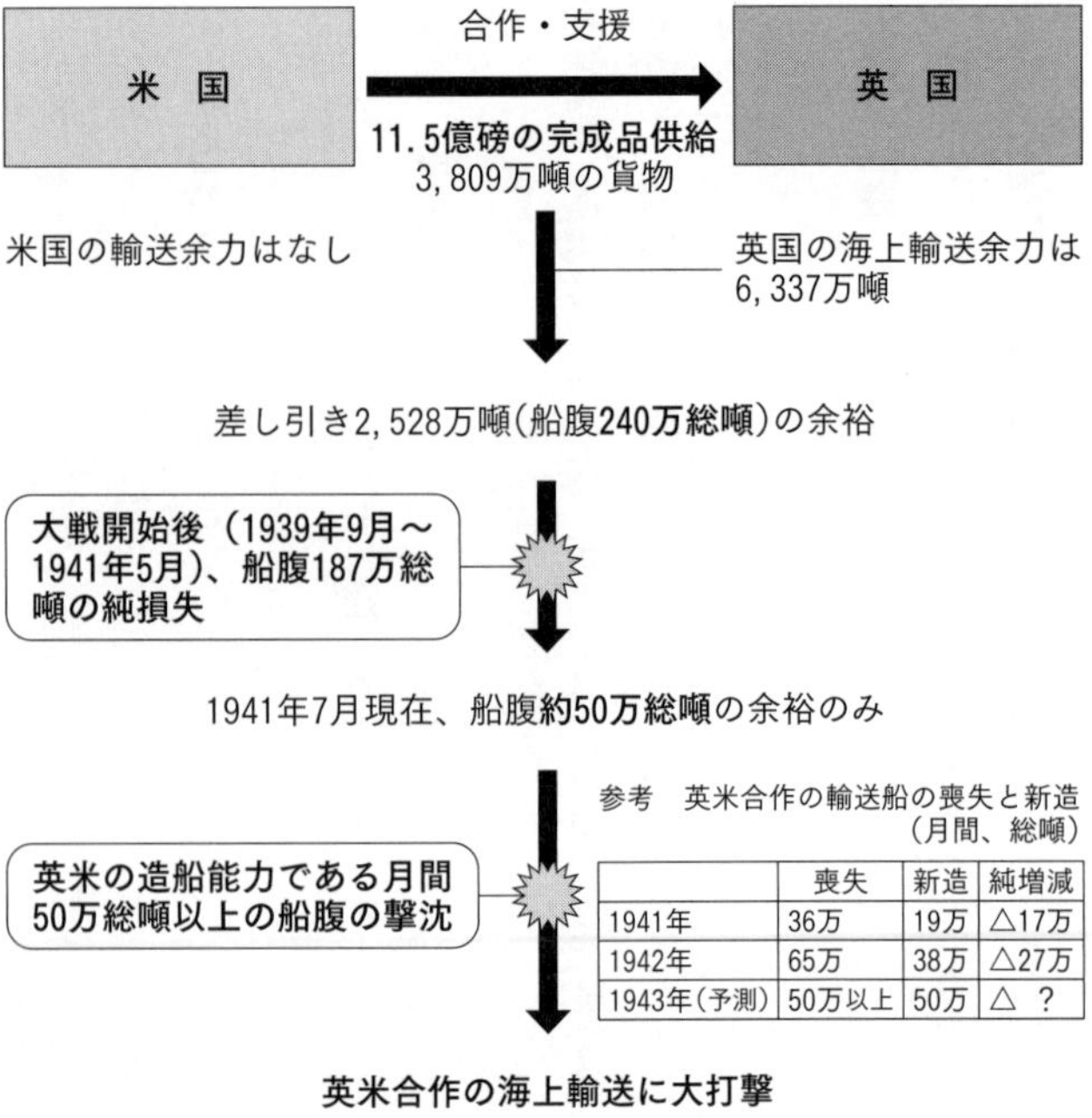

参考　英米合作の輸送船の喪失と新造
（月間、総噸）

	喪失	新造	純増減
1941年	36万	19万	△17万
1942年	65万	38万	△27万
1943年（予測）	50万以上	50万	△　?

すべき」対象を、**経済抗戦力に構造的な弱点を有する英国**と結論づけました。読者の皆様の結論もきっと同じでしょう。

このことを踏まえて、いよいよ「英米合作經濟抗戦力調査（其二）」の判決部分の文章を一緒に見ていくことにしましょう。原文は後頁に掲げます。

判決部分では、これまでの検討をまとめる形で、判決（一）では英国の経済抗戦力について、（二）では米国の経済抗戦力について述べ、（三）で英米合作の経済抗戦力についての結論を出しています。

すなわち、「英米合作するも、英米各々想定規模の戦争を同時に遂行する場合には、開戦初期において米国側に援英余力無きも、現在の如く参戦せざる場合は勿論参戦するも一年乃至一年半後には、英国の供給不足を補充して尚第三国に対し軍需資材八〇億弗《ドル》の供給余力を有す」としています。いずれにせよ、やがて米国は膨大な供給余力を発揮するに至るのです。

これを受けて、「陸軍省戦争経済研究班」は、「英米合作經濟抗戦力調査（其一）」の判決（四）において、「英本国は、想定規模の戦争遂行には軍需補給基地としての米国との経済合作を絶対的条件とするを以《もつ》て、これが成否を決すべき五七億五千万弗《ドル》（十一億五千万磅《ポンド》）に達する完成軍需品の海上輸送力が、その致命的戦略点（弱点）を形成する」としています。米国から英国への「完成軍需品の海上輸送力」が、英米合作の致命的な戦略点（弱点）となるのです。

さらには、判決（五）において、「米国の保有船腹は自国戦時必要物資の輸入には不足せざるも援英輸送余力を有せず。従つて援英物資の輸送は英国自らの船舶に依るを要するも、現状に於《お》いて既に手一杯の状態にして今後独伊の撃沈に依る船舶の喪失が続き英米の造船能力（最大限四一年度二五〇万噸《トン》、四二年度四〇〇万噸《トン》）に対し喪失噸《トン》数が超えるときは英の海上輸送力は最低必要量千百万噸《トン》を割ることとなり英国抗戦力は急激に低下すべきこと必定なり」との重大な結論を導いています。英国の命運は、英国・米国の船舶建造とドイツ・日本による撃沈との競争にかかっているということです。

そして、いよいよ、判決（七）において「**対英戦略**は（中略）、英国抗戦力の弱点たる人的・物的資源の消耗を急速化するの方略を取り、空襲に依る生産力の破壊及び**潜水艦戦に依る海上遮断を強化徹底**する一方、**英国抗戦力の外郭をなす属領・植民地に対する戦線を拡大して全面的消耗戦に導き且《か》つ英本国抗戦力の給源を切断して英国戦争経済の崩壊を策することも亦《また》極めて有効なり**」と「陸軍省戦争経済研究班」は断言したのです。「極めて有効」と叫んでいるのです。

この「潜水艦戦に依る海上遮断を強化徹底する一方、英国抗戦力の外郭をなす属領・植民地に対する戦線を拡大して全面的消耗戦に導き且つ英本国抗戦力の給源を切断して」の部分は、抗戦力の質的検討の結果としてきわめて重要です。私たちもきっちりと理解しなければなりません。

すなわち、**日本は、インドやインド洋地域の英国の属領・植民地に対する戦線を最大限に拡大して、彼らの物資を消耗させるべし、ということです。そして、ますますこれらの地域への物資輸送のための船腹への需要を増大させ、船腹需給を逼迫《ひっぱく》させる**

のです。このような状況をふまえた上で、インド洋にてより多くの英国船を撃沈することにより、英国の海上輸送へのダメージを最大限大きくできます。これら地域への物資輸送ルートを遮断するとともに、インドや豪州・ニュージーランド等から英本国への原材料・食料供給ルートを遮断すれば、対英米戦を枢軸側にきわめて有利に導くことができます。

実は、先の戦争シミュレーションでは、保有船腹は、無条件に米国から英国への海上輸送に転用できると仮定されていました。これは、英米合作の効果を最大限大きく見積るものです。

といいますのは、英国保有船の多くは、実際、ソ連援助のために約百十七万総噸《トン》、インドへの貨物輸送で五十万総噸《トン》、大英帝国内の各地間連絡輸送で百九十万総噸《トン》、中近東・インド・セイロン・北アフリカ等の外地作戦地に対する輸送で五百万総噸《トン》と、これだけでも併せて九百万総噸《トン》近い船腹が他に供《きょう》されたのです。

日本は、これらの海上輸送船を叩くべし、です。

船がなければ、次に述べる「反枢軸国家群への経済的援助により交戦諸国を疲弊に陥れ其世界政策を達成する戦略に出づる」米国の意思も喪失させることができます。

その米国です。英国と合作している米国に関しては、「英米合作經濟抗戦力調査（其二）」の判決（八）において「米国は（中略）、その強大なる経済力を背景として自国の軍備強化を急ぐと共に、反枢軸国家群への経済的援助により交戦諸国を疲弊に陥れ其世界政策を達成する戦略に出づること有利なり。之に対する戦略は成るべく速かに対独戦へ追い込み、その経済力を消耗に導き軍備強化の余裕を与えざると共に、自由主義体制の脆弱性に乗じ内部的攪乱を企図して生産力の低下及び反戦気運の醸成を図り、併せて、英・ソ連・南米諸国との本質的対立を利して之が離間に努《つと》むるを至当とす」との結論を導いています。きわめて妥当です。理《り》に適《かな》っています。

「英米合作經濟抗戦力調査（其二）」の判決（七）および（八）は、連合国側、すなわち、英米の合作された経済抗戦力を突き崩す戦略を示しているもので、「陸軍省戦争

インド洋を中心とする連合国側の海上輸送ルート

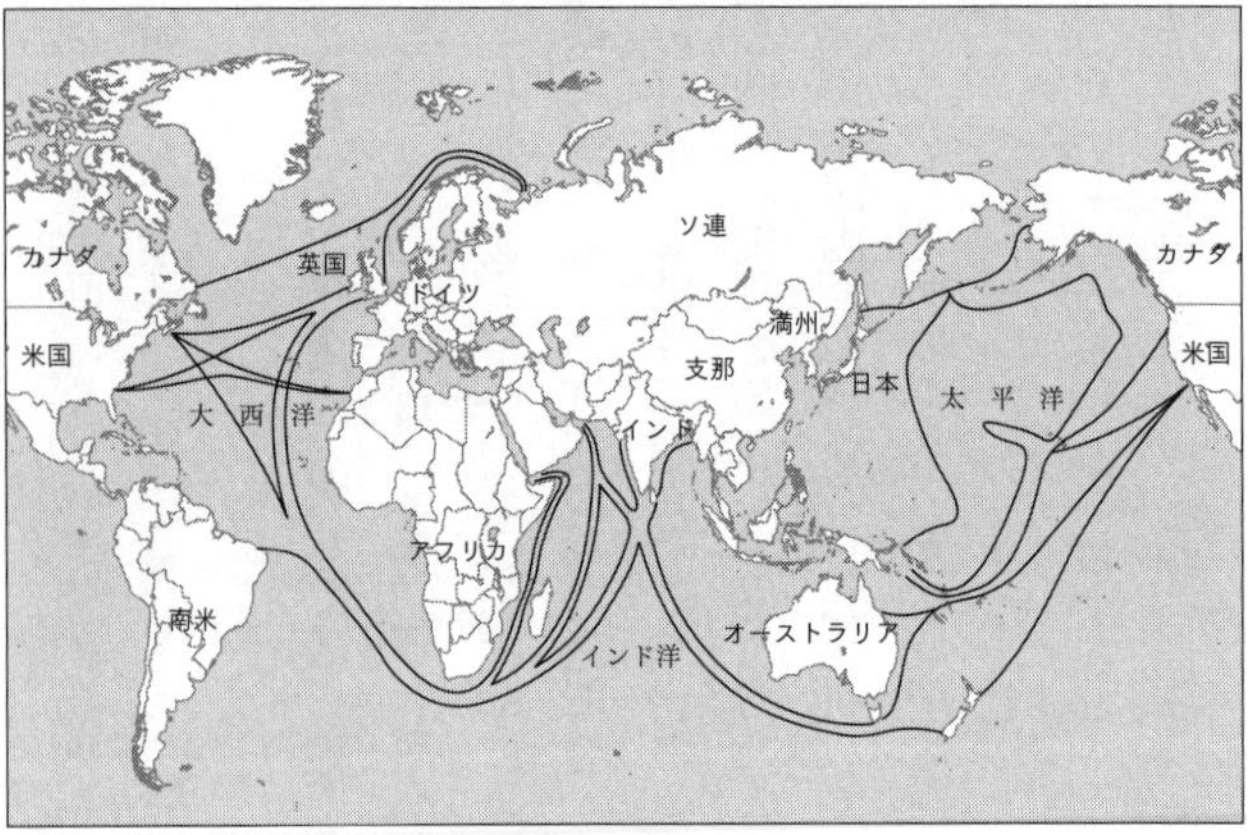

経済研究班」の研究の最も重大な結論です。そして、この重大な結論に至るまでの厖大な研究を推進させた最大の原動力は、「陸軍省戦争経済研究班」に集結した有沢広巳を始めとする当時のわが国最高頭脳たちの「勝利への執念」であったに違いありません。

彼らは、実によくやったのです。

次頁に資料として、「英米合作經濟抗戦力調査（其二）」の「判決」を掲載します。また、筆者が、「対英米戦争戦略」の要点を、概念図としてイメージ化したものも掲載しました。

一目でおわかりのように、ここには、「太平洋」は一切出てきません。どこからどう見ても「太平洋戦争」ではないのです。

資料「英米合作經濟抗戦力調査（其二）」

（一）英本国の経済国力は動員兵力四〇〇萬＝戦費四〇億磅《ポンド》の規模の戦争を単独にて遂行すること不可能なり。その基本的弱点は労力の絶対的不足に基ずく物的供給力の不足にして軍需調達に対して約五七億五千万弗《ドル》（資本償却等を断念しても三一億五千万弗《ドル》）の絶対的供給不足となりて現る。

（二）米国の経済国力は動員兵力二五〇萬＝戦費二〇〇億弗《ドル》の規模の戦争遂行には、準軍事生産施設の転換及び遊休設備利用のため動員可能労力の六〇％の動員にて十分賄い得べく、更に開戦一年乃至一年半後に於ける潜在力発揮の時期に於いては軍需資材一三八億弗《ドル》の供給余力を有するに至るべし。

（三）英米合作するも英米各々想定規模の戦争を同時に遂行する場合には開戦初期に於いて米国側に援英余力無きも現在の如く参戦せざる場合は勿論参戦するも一年乃

至一年半後には英国の供給不足を補充して尚《なお》第三国に対し軍需資材八〇億弗《ドル》の供給余力を有す。

(四)英本国は想定規模の戦争遂行には軍需補給基地としての米国との経済合作を絶対的条件とするを以て、これが成否を決すべき五七億五千万弗《ドル》に達する完成軍需品の海上輸送力がその致命的戦略点(弱点)を形成する。

(五)米国の保有船腹は自国戦時必要物資の輸入には不足せざるも援英輸送余力を有せず。従つて援英物資の輸送は英国自らの船舶に依るを要するも現状に於いて既に手一杯の状態にして今後独伊の撃沈に依る船舶の喪失が続き英米の造船能力(最大限四一年度二五〇万噸《トン》、四二年度四〇〇万噸《トン》)に対し喪失噸《トン》数が超えるときは英の海上輸送力は最低必要量千百万噸《トン》を割ることとなり英国抗戦力は急激に低下すべきこと必定なり。

(六) 英国の戦略は右経済抗戦力の見地より軍事的・経済的強国との合作に依り自国抗戦力の補強を図ると共に対敵関係に於いては自国の人的・物的損耗を防ぐため武力戦を極力回避し、経済戦を基調とする長期持久戦によりて戦争目的を達成するの作戦に出づること至当なり。

(七) 対英戦略は英本土攻略により一挙に本拠を覆滅するを正攻法とするも、英国抗戦力の弱点たる人的・物的資源の消耗を急速化するの方略を取り、空襲に依る生産力の破壊及び潜水艦戦に依る海上遮断を強化徹底する一方、英国抗戦力の外郭をなす属領・植民地に対する戦線を拡大して全面的消耗戦に導き且つ英本国抗戦力の給源を切断して英国戦争経済の崩壊を策することも亦極めて有効なり。

(八) 米国は自ら欧州戦に参加することを極力回避しその強大なる経済力を背景として自国の軍備強化を急ぐと共に、反枢軸国家群への経済的援助により交戦諸国を疲弊に陥れ其世界政策を達成する戦略に出ること有利なり。之に対する戦略は成るべく速かに対独戦へ追い込み、その経済力を消耗に導き軍備強化の余裕を与えざると共に、自由主義体制の脆弱性に乗じ内部的撹乱を企図して生産力の低下及び反戦気運の醸成を図り併せて英・ソ連・南米諸国との本質的対立を利して之が離間に努むるを至当とす。

対英米戦争戦略

日本とドイツは輸送船攻撃で**海上輸送を遮断**、まず英国を屈服させ、米国の戦意喪失・反戦気運醸成をはかる。

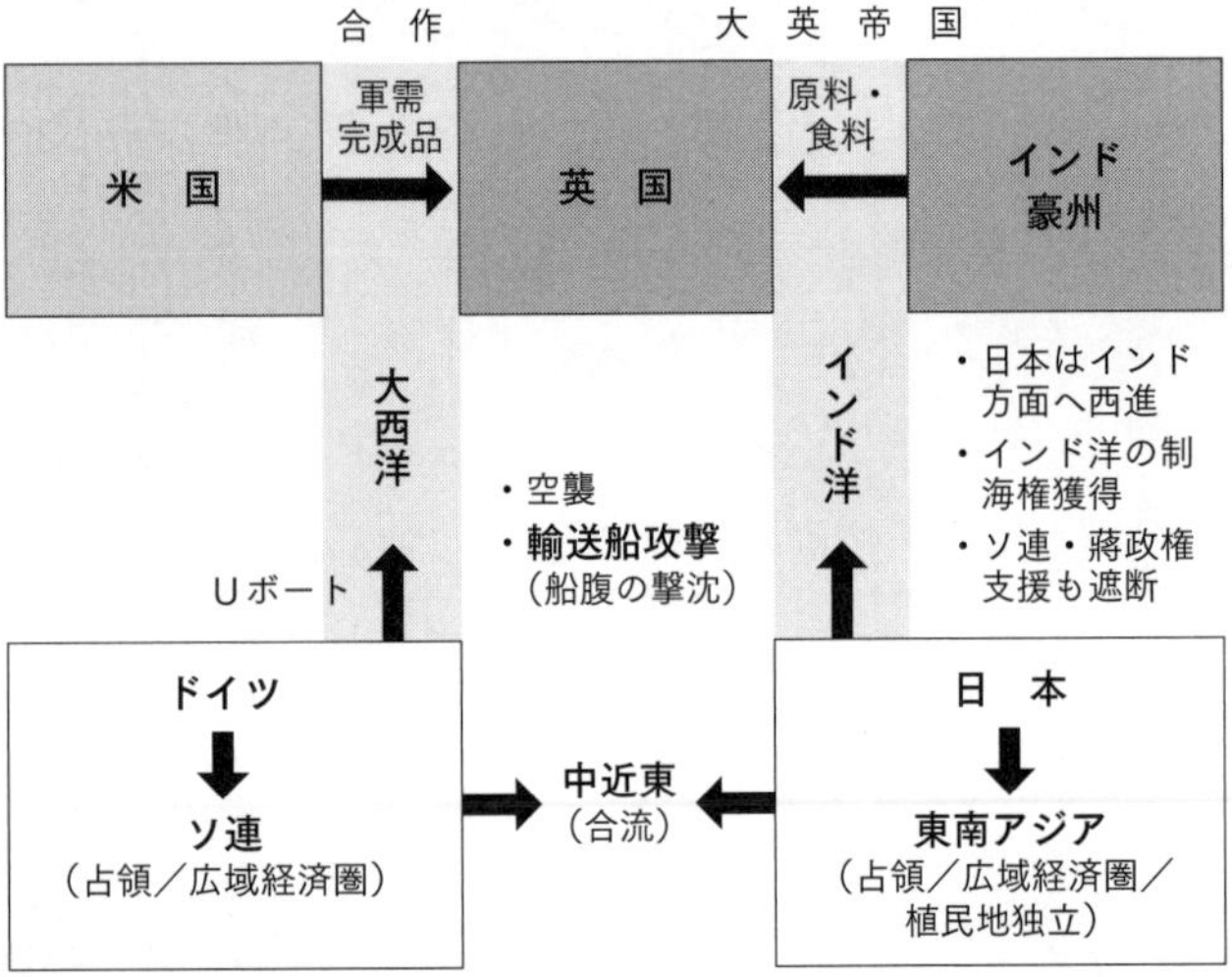

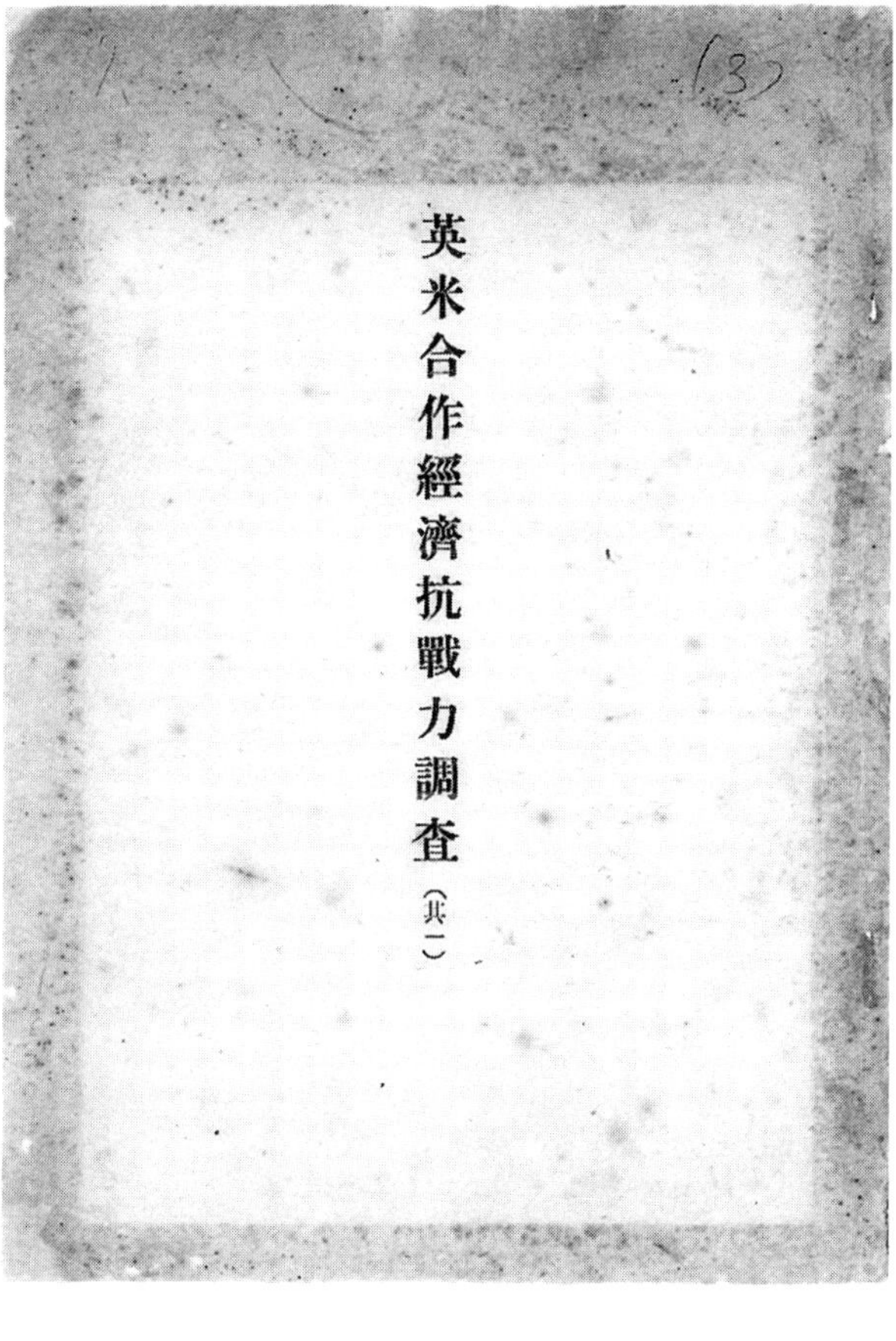
英米合作經濟抗戰力調査
（其一）

第二章

帝国陸軍の科学性と合理性が、大東亜戦争の開戦を決めた

帝国陸軍の科学性と合理性が、大東亜戦争の開戦を決めた

前章で見てきましたように、「陸軍省戦争経済研究班」は、国の抗戦力Pを、関数P＝S（軍事供給力）／T（持久期間）で捉え、軍事供給力と持久期間のバランスに着目しました。

わが国の場合は、短い持久期間で最大軍事供給力、すなわち**最大抗戦力を主として英国に対して集中発揮すべきであります。**

そして、それによって英米といったん講和に持ち込み、次の戦いに備えて、自給自足可能で生産力を増強し得る広域経済圏の充実・発展をはかるのです。

これ以外にわが国に道はありません。あるいは、わが国はこの道へ進み得るのです。

これらのことを、「陸軍省戦争経済研究班」は、科学的・論理的に考察したのでした。米国の潜在力発揮までの期間や、わが国の持久期間を勘案すると、抗戦期間は最大限一年半から二年です。

昭和一六年七月、杉山参謀総長ら陸軍首脳部への戦争経済研究班の最終報告は、現存する諸報告書その他諸文献を総合すると、**「英米合作の本格的な戦争準備には一年余かかり、一方、日本は開戦後二ヶ年は貯備戦力と総動員にて国力を高め抗戦可能。此の間、輸入依存率が高く経済的に脆弱な英国を、インド洋（及び大西洋〈独逸《ドイツ》が担当〉）における制海権の獲得、海上輸送遮断やアジア植民地攻撃によりまず屈服させ、それにより米国の継戦意思を失わせしめて戦争終結を図る。同時に、生産力確保のため、現在英、蘭等の植民地になっている南方圏（東南アジア）を自給自足圏として取り込み維持すべし」**というものです。**正に時間との戦いであり、日本は脇目も振らずに南方圏そしてインド洋やインドなどを抑えるべし**です。

これに対して、杉山参謀総長は「調査・推論方法は概《おおむ》ね完璧」と総評しています。統帥の最高責任者としての言葉、「概ね完璧」は重い。帝国陸軍の合理的思考形態が、戦争戦略思想として、まさに「陸軍省戦争経済研究班」によって具現化されていたのです。「陸軍省戦争経済研究班」の結論は、帝国陸軍の科学性、合理性が指し示す方向そのものであったのです。

後述する**日本軍のインド洋での作戦を含む西進思想は、ここから導き出されたものです。そして、ドイツの対英米戦略との密接な連関性、あるいはほぼ完全な一致**がありました。対英米戦略を科学的に分析し、合理的に思考すれば、当然の帰結なのです。米国の侵略に対するわが国の防衛戦も、英米合作対日独枢軸という世界戦の図式、地球規模の戦略の図式を頭に描いて考察しなければならないのです。

再度強調しますが、この場合、インド洋こそは大英帝国の内海にして、米英にとっての軍事・経済の大動脈。すなわち、インドや豪州などから英本国への綿花・羊毛・亜鉛・鉛等鉱物資源などの原材料や小麦・茶、牛肉・乳製品・林檎《りんご》などの食料の輸送、ペルシャ湾岸からの石油の輸送、エジプトやインドへの兵員・武器の輸送、ソ連（イラン経由）や蔣政権（インド経由）への援助物資の輸送の大ルートであったのです。

ドイツの対ソ戦を冷静に判断

帝国陸軍首脳部は、戦争経済研究班の科学的な研究成果を基に、**昭和一六年七月時点で、ドイツについて、幻想を抱かず冷静・客観的に見ていました。**日本は「独逸の勝利を盲信していた」というのも、戦後になって捏造《ねつぞう》された偽《いつわ》りの歴史です。英米と総力戦を戦うドイツにとって、**生産力確保のためにはソ連の占領が必須**であったこと、しかしながらドイツの対ソ連戦が膠着《こうちゃく》状態となる可能性があったこと、それがドイツにとり大きなリスクであることが、戦争経済研究班によって事前に十分に研究されていたのです。

戦争経済研究班は、「**独逸の経済抗戦力は本年（一九四一年）一杯を最高点**とし、四二年より次第に低下せざるを得ず」と断じています。また、「独逸は今後対英米長期戦に耐え得る為にはソ連の生産力を利用することが絶対に必要である。従つて独軍が予定する如く、対ソ戦が二ヶ月間位の短期戦で終了し、直ちにソ連の生産力利用が可能となるか、それとも長期戦となり、その利用が短期間（二、三カ月後から）になしえざるか否かによって、今次大戦の運命も決定される」、「**独逸の対ソ戦が、万一、長期化し、徒**《いたず》**らに独逸の経済抗戦力消耗を来**《きた》**すならば、**既に来年度以降低下せんとする傾向あるその抗戦力は一層加速度的に低下し、**対英米長期戦遂行が全く不可能とな**り、世界新秩序建設の希望は失われる」とドイツの行く末のリスクについて正確に把握していたのです。このような冷静で客観的な判断が行なわれていたという厳然たる事実が、筆者をして父祖の時代の日本人への信頼を増さしめるのです。

さらに戦争経済研究班は、「独逸が非常に長期に亘《わた》る対英米戦を遂行する場合には、独逸の不足するタングステン、錫《すず》、護謨《ごむ》を供給する東亜との貿易の回復、維持を必要とす。若《も》し長期に亘りシベリヤ鉄道不通となる場合、欧州と東亜との貿易回復は、**独逸がスエズ運河を確保し、又我国がシンガポールを占領し、相互の協力により印度洋連絡を再開するを要す**」と、ドイツ側の経済抗戦力の視点からの日本の戦争戦略との連結にも留意していました。以上は、「独逸經濟抗戦力調査」に判決（結論）として明記されています。

この「独逸經濟抗戦力調査」の判決には、次頁の「独逸經濟抗戦力の動態」と題する図が添付されています。この図を見れば、ドイツが経済抗戦力を高水準で維持するためには、一九四一年末から早速ソ連の生産力を利用することが必須であることが一目瞭然です。今の私たちにとっても非常にわかりやすい、感動的でさえある一次資料です。

ちなみに、「陸軍省戦争経済研究班」の調査報告書は、科学書としての体裁がとられており、元号ではなく西暦が使用され、横書き文章は、当時一般的な右から左ではなく、左から右へと記載していました。

このように、**帝国陸軍は、科学的な調査・研究に基づいて、大きなリスクを認識しつつも、少しでも可能性ある合理的な負けない戦争戦略案を昭和一六年七月には持つに至っていたのです。帝国陸軍は、戦略的に正しい合理的な戦いを展開しようとしていた**のです。

独逸経済抗戦力の動態

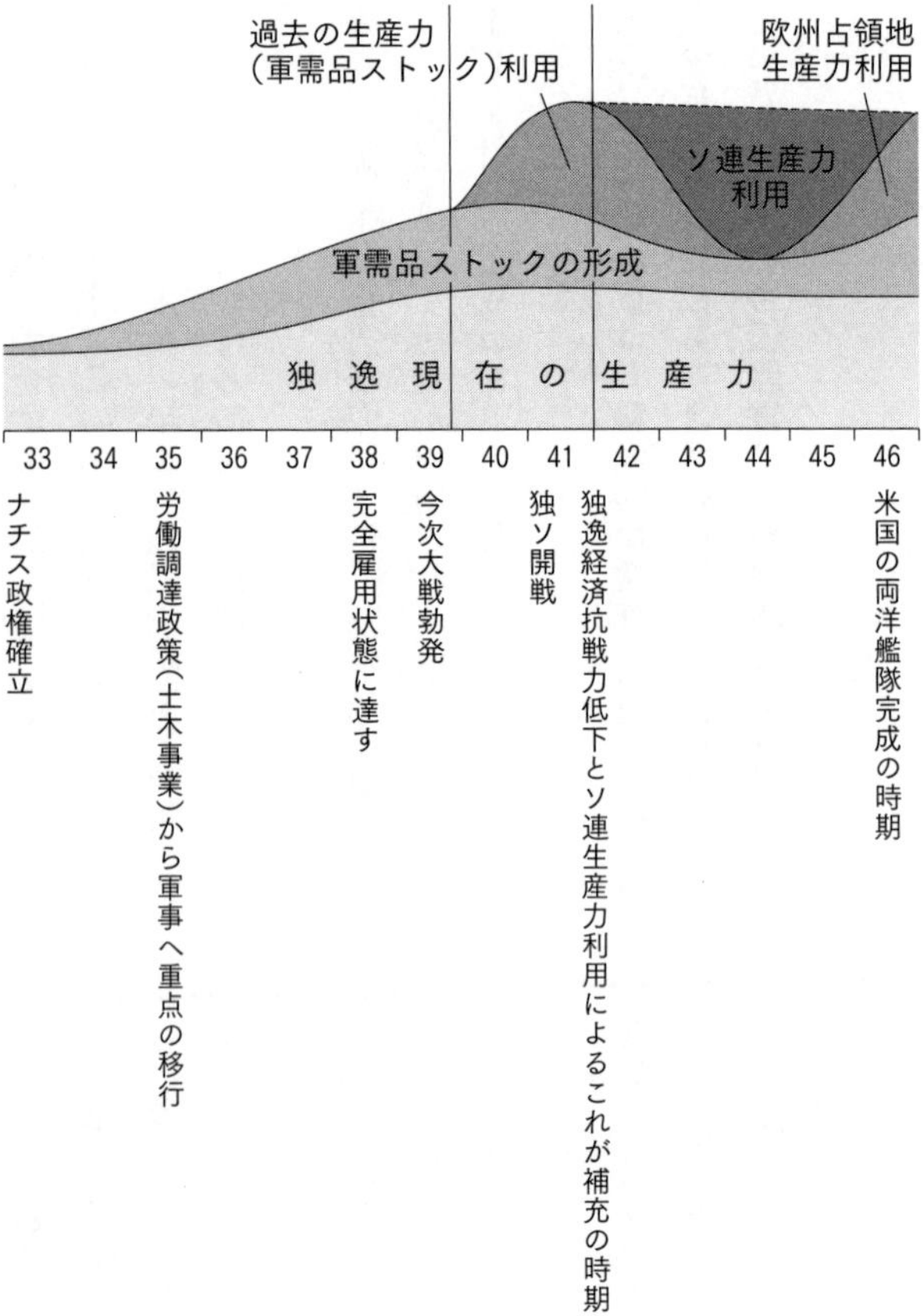

過去の生産力
(軍需品ストック)利用
欧州占領地
生産力利用
ソ連生産力
利用
軍需品ストックの形成
独　逸　現　在　の　生　産　力
33
34
35
36
37
38
39
40
41
42
43
44
45
46
ナチス政権確立
労働調達政策(土木事業)から軍事へ重点の移行
完全雇用状態に達す
今次大戦勃発
独ソ開戦
独逸経済抗戦力低下とソ連生産力利用によるこれが補充の時期
米国の両洋艦隊完成の時期

「対米英蘭蔣戦争終末促進に関する腹案」の決定

この帝国陸軍の戦争戦略案は、昭和一六年八月一日の米英蘭による対日全面禁輸発表という、いよいよ想定された最終局面の状況が出現したことを受けて、陸海軍戦争指導関係課長らによる正式討議に付されました。

当時、国策策定の実務上の中心的存在として、この正式討議に参画していた陸軍省軍務局軍務課高級課員石井秋穂《いしいあきほ》大佐という人物がいました。この石井秋穂大佐は、「陸軍省戦争経済研究班」と常に密に連携をとっていました。昭和一六年四月一七日大本営海軍部で決定した「対南方施策要綱」における「対英米国力上、武力南進はしたくてもできない。しかし、全面禁輸の場合は、自存自衛の為に武力行使」という趣旨の結論も、「陸軍省戦争経済研究班」の研究成果を基としています。

石井秋穂大佐は「陸軍省戦争経済研究班」を「秋丸中佐は金融的国力判断を大規模にやって何回も報告してくれた」、「各方面と連絡してよい作業をしておった」と、後に著《あら》わした『石井秋穂回想録』においても大いに評価しています。この『石井秋穂回想録』は、防衛省防衛研究所にて原本を閲覧できます。
この陸海軍戦争指導関係課長らによる正式討議において、

①　戦争目的（自存自衛）
②　戦争の特質の認定
③　総力戦指導の要則
④　総力戦における攻略範囲の限定（不拡大）
⑤　占領地の処理
⑥　思想戦指導の眼目（米海軍主力を極東へ誘致）
⑦　経済戦指導上の着想
⑧　外交戦指導の準則
⑨　戦争終末促進の方略

という内容の「対米英蘭戦争指導要綱」が策定され、昭和一六年九月二九日　大本営陸海軍部にて正式妥結となりました。

この「対米英蘭戦争指導要綱」の各項目につきましても詳しく述べたいところですが、紙幅の都合上、本書では割愛し、別の機会に譲ります。

一〇月一七日の東條内閣の発足後、この「対米英蘭戦争指導要綱」策定に参画していた石井秋穂大佐らが、「対米英蘭戦争指導要綱」の内容を、「⑨戦争終末促進の方略」を中心に継承・編集したものが、「対米英蘭蔣戦争終末促進に関する腹案」であります。前にも述べましたが「蔣」は蔣介石政権を意味します。以下では、「腹案」との略称でも呼ぶことにします。「腹案」という言葉は、「予《あらかじ》め心の中に持っている考えや計画」を意味します。この「腹案」は、当時、陛下がまさにご要望された研究内容でありました。第一章の前半でも述べました通り、「持久戦に成算無きものに対し戦争を始めるのは如何か」が昭和一六年当時の陛下のお考えであられたのです。

「対米英蘭蔣戦争終末促進に関する腹案」は、昭和一六年一一月一五日　大本営政府

連絡会議にて、大日本帝国の戦争戦略、国家戦略として正式決定されました。

大東亜戦争という「総力戦」に臨んでの国家的戦争戦略の誕生です。

これに先立つ一一月五日の御前会議にて、対米交渉期限を一二月一日とする「国策遂行要領」が決定されていますが、もはや甲案・乙案での対米交渉妥結見込みは薄く、「開戦已《や》む無し」が覚悟されている状況でした。

この間、残念ながら海軍は、西太平洋の制海権持久の保証なしと言いつつも、避戦を選択しないという曖昧《あいまい》かつ無責任な態度に終始していました。

一方、陸軍は、明確に責任を持って、対米隷従の道を選ばずに、国が、民族が、家族が、生き残るため、大きなリスクを認識しつつ、少しでも可能性ある合理的な負けない戦争戦略を展開しようと決意していたのです。

東條英機首相も、多大なリスクを理解しつつ、この国家戦略をもってわが国が戦い得ること、否《いな》、それ以外に進む道はないことをすでにしっかりと認識していました。

このことは、後に東京裁判のために書かれた東條英機宣誓供述書により、確認することができます。

一一月五日の御前会議決定「国策遂行要領」に基づいて、わが国は、一一月中旬に開戦準備を本格化し、軍動員・増税・軍事予算・対独提携強化などを次々と進めました。そして最後に、一一月二六日の大本営政府連絡会議、続く一二月一日の御前会議において開戦を正式に決定したのです。まさに、民族としての、国家としての、魂の決断です。民族の国家の死闘が始まったのです。

この日本の自衛の戦いは、アジアにおける欧米列強の植民地支配打倒をも目指したものでありました。昭和一六年一二月一二日、日本政府は、東アジアの解放の意を込めて、この戦争に「大東亜（東アジア）戦争」と命名する閣議決定を行ないました。

だから大東亜戦争なのです。

おわかりいただけましたでしょうか。

「対米英蘭蔣戦争終末促進に関する腹案」を、資料として紹介します。

資料 **「対米英蘭蔣戦争終末促進に関する腹案」**

(昭和十六年十一月十五日第六十九回大本営政府連絡会議決定)

方針

一、速《すみやか》に極東に於《おけ》る米英蘭の根拠を覆滅して自存自衛を確立すると共に、更に積極的措置に依り蔣政権の屈服を促進し、独伊と提携して先ず英の屈服を図り、米の継戦意思を喪失せしむるに励む。

二、極力戦争相手の拡大を防し第三国の利導に勉《つと》む。

要　領

一、帝国は迅速なる武力戦を遂行し東亜及南太平洋に於《おけ》る米英蘭の根拠を覆滅し、戦略上優位の態勢を確立すると共に、重要資源地域並主要交通線を確保して、長期自給自足の態勢を整う。凡有《およそあらゆる》手段を尽して適時米海軍主力を誘致し之を撃破するに勉む。

二、日独伊三国協力して先ず英の屈服を図る。

(1)帝国は左の諸方策を執る。

(イ)豪州（オーストラリア）印度（インド）に対し攻略及通商破壊等の手段に依り、英本国との連鎖を遮断し其の離反を策す。

(ロ)「ビルマ」の独立を促進し其の成果を利導して印度の独立を刺激す。

（2）独伊をして左の諸方策を執らしむるに勉む。

（イ）近東、北阿（アフリカ）、「スエズ」作戦を実施すると共に印度に対し施策を行う。

（ロ）対英封鎖を強化す。

（ハ）情勢之を許すに至らば英本土上陸作戦を実施す。

（3）三国は協力して左の諸方策を執る。

（イ）印度洋を通ずる三国間の連絡提携に励む。

（ロ）海上作戦を強化す。

（ハ）占領地資源の対英流出を禁絶す。

三、日独伊は協力し対英措置と併行して米の戦意を喪失せしむるに勉む。

（1）帝国は左の諸方策を執る。

（イ）比島の取扱は差し当り現政権を存続せしむることとし、戦争終末促進に資する如く考慮す。

（ロ）対米通商破壊を徹底す。

（ハ）支那及南洋資源の対米流出を禁絶す。

（ニ）対米宣伝謀略を強化す。

其の重点を米海軍主力の極東への誘致並米極東政策の反省と日米戦意義指摘に置き、米国輿論の厭戦誘発に導く。

（ホ）米豪関係の離隔を図る。

（2）独伊をして左の諸方策を執らしむるに励む。

（イ）大西洋及印度洋方面における対米海上攻勢を強化す。
（ロ）中南米に対する軍事、経済、政治的攻勢を強化す。

四、支那に対しては、対米英蘭戦争特に其の作戦の成果を活用して援蔣の禁絶、抗戦力の減殺を図り在支租界の把握、南洋華僑の利導、作戦の強化等政戦略の手段を積極化し以て重慶政権の屈服を促進す。

五、帝国は南方に対する作戦間、極力対蘇（ソ連）戦争の惹起を防止するに勉む。独蘇両国の意向に依りては両国を講和せしめ、蘇を枢軸側に引き入れ、他方日蘇関係を調整しつつ場合によりては、蘇連の印度、「イラン」方面進出を助長することを考慮す。

六、仏印に対しては現施策を続行し、泰（タイ）に対しては対英失地回復を以て帝国の施策に強調する如く誘導す。

七、常時戦局の推移、国際情勢、敵国民心の動向等に対し厳密なる監視考察を加えつつ、戦争終結の為左記の如き機会を補足するに勉む。

（イ）南方に対する作戦の主要段落。

（ロ）支那に対する作戦の主要段落特に蔣政権の屈服。

（ハ）欧州戦局の情勢変化の好機、特に英本土の没落、独蘇戦の終末、対印度施策の成功。之が為に速やかに南米諸国、瑞典（スウェーデン）、葡国（ポルトガル）、法王庁等に対する外交並宣伝の施策を強化す。日独伊三国は単独不講和を取極むると共に、英の屈服に際し之と直ちに講和することなく、英をして米を誘凜せしむる如く施策するに勉む。対米和平促進の方策として南洋方面における錫、護謨（ゴム）の供給及比島の取扱に関し考慮す。

ご覧のように、この「腹案」は「方針」と「要領」に分かれています。その内容を一項目ずつ見ていきましょう。

まず「方針」では、「一」として、速にアメリカ、イギリス、オランダの極東の拠点を叩いて南方資源地帯を獲得し、自存自衛の体制を確立することを、第一段作戦として掲げています。先に見たように、これはすなわち、「陸軍省戦争経済研究班」の報告における「持たざる国」の「将来の生産力の動員」に対応するものであり、大東亜共栄圏という広域経済圏の獲得であります。続いて、比較的脆弱な西正面、蔣介石政権の屈服と、ドイツ・イタリアと提携してのイギリスの封鎖・屈服の大方針を打ち出して第二段作戦としています。アメリカについては、合作相手のイギリスの屈服により戦争継続の意思を喪失せしめるとしています。まさに、「陸軍省戦争経済研究班」の杉山参謀総長ら陸軍首脳部への最終報告から導き出された方針です。

この二段の戦略により、条件が満たせば、戦争を少なくとも引き分けに持ち込めると考えたのです。

次に「要領」です。ここでは、個々の戦略について掲げています。

まず、「一」にて、第一段作戦による長期自給自足態勢の確立を掲げるとともに、アメリカ海軍主力については、日本から積極攻勢に出るのではなく、逆にこちらへ誘い込んで撃破するという日本海軍の伝統的な守勢作戦思想を掲げています。

「二」では、第二段作戦の核心、イギリスの屈服をはかるための西向きの方策、**西進**が記されています。日本は、インド（印度）やオーストラリア（豪州）に対して攻略および通商破壊等の手段により、イギリス本国と遮断して離反を図ります。第二に、ビルマの独立を促進し、インドの独立を刺激します。インド独立への関与につきましては、第一章で岩畔機関に言及して述べましたように、シンガポール占領と同時に動きが本格化しました。

さらに、日本に呼応して、ドイツ・イタリアが、近東・北アフリカ・スエズに侵攻して、西アジアへ向かう作戦を展開します。イギリスの支配地を切り崩し、イギリスに対する封鎖を強化し、もし情勢が許せば、イギリス本土上陸を実施します。日独伊三国は、インド洋での海上作戦を強化し、イギリスへの物資輸送を遮断します。イギリスの封鎖・屈服のためには、日本による**インド洋やインドでの作戦**がきわめて重要です。

「三」では、イギリス屈服と併行してアメリカの戦意喪失に努めるとし、通商・資源輸送ルートの遮断、宣伝謀略等について言及しています。海上輸送能力、船舶への攻撃は重要な位置付けです。注目されるのは、ここでも、アメリカ海軍主力は極東近くへ誘い込んで叩くのであり、日本が太平洋を東進して積極攻勢に出ることはまったく意図していないということを繰り返し述べています。日本海軍の伝統的な守勢作戦思想、漸減邀撃《ようげき》構想であり、戦力は根拠地から戦場への距離の二乗に反比例するとの原則に沿った妥当な考え方です。例えば、日本本土に近いマリアナ諸島に防衛拠点を築くなら、この海軍の伝統的な作戦思想とも相容れる堅固な守勢体制となります。この戦争は、あくまでも大東亜（東アジア）の戦争であり太平洋の戦争ではありません。これはきわめて大事な点です。しかしながら、後で詳しく触れますが、連合艦隊に振り回された海軍の戦術は、この点を大きく逸脱します。

「四」は支那重慶の蔣介石政権の屈服で、特にアメリカ・イギリスの援助の遮断に力点が置かれています。

「五」はソ連（蘇）に対してで、南方進出の関係上、戦争は回避する方針です。ドイツは日本による対ソ攻撃を望んでいましたので、ソ連に関しては、日本とドイツの意向は一致していませんでした。

これが、大日本帝国の戦争戦略、国家戦略です。

第一段作戦の成功

南方資源地帯の獲得を目指した第一段作戦は、一二月二五日イギリスの植民地である香港《ホンコン》占領、翌年一月三日アメリカの植民地であるフィリピンのマニラ占領、二月一五日イギリスの植民地であるシンガポール占領、三月八日イギリスの植民地であるビルマのラングーン占領、三月九日オランダの植民地であるインドネシアのジャワ占領と、予想以上の成功を収めました。

この成功は、まさに、日本軍の戦略的な勝利であると同時に、アジアの民衆が、日本軍を長年にわたる欧米列強による植民地支配からの解放軍として歓迎し、陰に陽に広範に支援をした結果でした。アジアの人々の記憶に永遠に刻まれる輝かしい電撃的な勝利であったのです。

インドネシア（蘭印）では、日本軍は、数百年にわたるオランダによる無慈悲な搾《さく》取《しゅ》から解放してくれる救世主、伝承上の予言にある「黄色い神」としてあがめられ、熱狂的に歓迎されました。このインドネシア（蘭印）では、日本は石油の生産施設をほぼ無傷で獲得することができました。日本は、この地で、以後数年にわたって、当初計画を大幅に上回る石油を手に入れることができたのです。

次の写真は、シンガポール陥落時のもので、日本軍司令官の山下《やました》中将に、連合国軍司令官のパーシヴァル英軍中将が投降を申し出ているところです。

シンガポール陥落は、欧米列強によるアジア植民地支配の一大拠点にして結節点を壊滅させたものであります。白人植民地主義の長い歴史の終わりを示す人類史的な大偉業であったのです。衝撃的な影響を世界の人々に与えたのです。

シンガポール陥落後、イギリスのチャーチル首相は、日本の第二段作戦での西進を、大英帝国を崩壊へ導くものとして恐れました。さすがチャーチル首相は、自らの致命的な弱点を十二分に熟知していたのです。

この日本の第二段作戦の命運は、本書第三章のテーマです。

大東亜戦争遂行を支えた「陸軍省戦争経済研究班」

その後の大東亜共栄圏に関する施策を含め、**大東亜戦争の遂行が、いかに「陸軍省戦争経済研究班」の研究成果に依《よ》っていた**かは、多くの一次資料が焼却されたり、GHQ占領下でアメリカ軍に接収されたりしたものの、現存している「企画院に対し関係省庁より要望したる主要交戦国の抗戦力判断資料」や、総力戦研究所における秋丸次朗大佐（当時）の講義録を見て窺《うかが》い知ることができます。

「企画院に対し関係省庁より要望したる主要交戦国の抗戦力判断資料」については、資料として該当部分を掲載しましたので、まずご覧ください。どうですか。関係各省庁が大東亜戦争遂行や大東亜共栄圏運営にあたって、いかに「陸軍省戦争経済研究班」の情報に依っていたかを窺い知ることができますでしょう。掲載されている各資料は第一章で述べました理由により、「陸軍主計課別班」の名で出されていることがわかります。

白旗を掲げてシンガポール降伏交渉に向かうパーシヴァル将軍らイギリスの幕僚ら

秋丸大佐の講義は「経済戦史」のタイトルで昭和一七年七月から八月にかけて行なわれたものです。講義録として『秋丸陸軍主計大佐講述要旨』が残されています。この『秋丸陸軍主計大佐講述要旨』は、筆者が、靖國神社境内にある靖國偕行《かいこう》文庫室に通っていた頃、ベテランの職員の方と「陸軍省戦争経済研究班」に関してお話をさせていただいた際に、彼が親切にも「まだ公になっていない、とっておきの資料がある」と言って書庫の奥から出してきてくれたものです。筆者は、靖國偕行文庫室でいつも多量のコピーを取っていましたので、もしかしたら、とても熱心な研究者と感じていただいていたのかもしれません。この『秋丸陸軍主計大佐講述要旨』の序論も資料として掲載します。この講義の全体像が把握できます。

『秋丸陸軍主計大佐講述要旨』の本論はここに掲載しませんでしたが、その内容は、単なる経済戦史に留まらないものとなっているのです。

すなわち、アウタルキー（自給自足経済圏）論、国民総力の無制限行使の真の総力戦としての大東亜戦争論、経済抗戦力の構成要素としての素材（労働力・自然資源・資本財）と組織力（金融力・国家統制力・交通）に関する論説、米国の経済抗戦力や英米の保有船腹と海上輸送力に関する分析、大東亜共栄圏建設の具体的な絵姿などが各章にわたって盛り込まれています。いわば、大東亜戦争遂行という観点からの、「陸軍省戦争経済研究班」の研究成果の集大成となっています。

そして秋丸大佐自身が、あるいは帝国陸軍がと言ってもいいのかもしれませんが、思想や思考方法において、「国防経済思想」を打ち建てた有沢広巳から相当の感化を受けていたことを、この講義録で窺い知ることができます。事実がそうなのですから、当然のことなのです。

資料　**「企画院に対し関係省庁より要望したる主要交戦国の抗戦力判断資料」抜粋**

（企画院　昭和十八年二月）

一、軍需生産力、重要物資需給状況、動員力、労働力、輸送力、国民生活、国民士気に関する事項

物的資源力より見たる独逸の抗戦力　（陸軍主計課別班）

伊国経済抗戦力調査　（陸軍主計課別班）

物的資源力より見たる英国の抗戦力　（陸軍主計課別班）

資本力より見たる独逸の抗戦力　（陸軍主計課別班）

人的資源力より見たる独逸の抗戦力　（陸軍主計課別班）
生産機構より見たる独逸の抗戦力　（陸軍主計課別班）
人的資源より見たる英国の抗戦力　（陸軍主計課別班）
配給及貿易機構より見たる独逸の抗戦力　（陸軍主計課別班）
生産機構より見たる英国の抗戦力　（陸軍主計課別班）
交通機構より見たる独逸の抗戦力　（陸軍主計課別班）
南方労力対策要綱　（陸軍主計課別班）
交通機構より見たる英国の抗戦力　（陸軍主計課別班）
カナダの経済力　（陸軍主計課別班）
大東亜戦争に伴う英国経済抗戦力の推移検討　（陸軍主計課別班）
資本力より見たる英国の抗戦力　（陸軍主計課別班）
各国の戦時国民生活　（情報局）
英国戦争経済力の弱点　（情報局）
英国の労働事情　（世界経済調査会）

戦時英帝国の労働機構　（世界経済調査会）
英国の精神動員　（東亜研究所）
米国
イ、重要資材需給状況
物的資源力より見たる米国の抗戦力　（陸軍主計課別班）
配給及貿易機構より見たる米国の抗戦力　（陸軍主計課別班）
ロ、軍需生産力の増強状況及今後の見透し
生産機構より見たる米国の抗戦力　（陸軍主計課別班）
ハ、労働力
人的資源力より見たる米国の抗戦力　（陸軍主計課別班）

ニ、輸送力特に海上輸送力
交通機構より見たる米国の抗戦力　（陸軍主計課別班）

二、主要国に於ける軍需産業行政機構
生産機構より見たる独逸の抗戦力　（陸軍主計課別班）
生産機構より見たる英国の抗戦力　（陸軍主計課別班）
独逸に於ける戦時経済指導の徹底的強力化　（東亜研究所）

三、船舶
イ、主要交戦国に於ける船舶運営の現状
今次欧州大戦勃発後の不定期船市況　（日本郵船）
他

四、造船

イ、米英における造船計画と実績

米国の造船、航空機生産能力　他　（陸軍主計課別班）

五、枢軸国及反枢軸国の占領地

イ、占領地行政機構

東亜共栄圏の政治的経済的基本問題研究（上下）他　（陸軍主計課別班）

ロ、占領地資源開発状況

英領馬来主要鉱業概説　（陸軍主計課別班）

ハ、占領軍の現地自活状況

英領馬来に於ける作戦軍の食糧現地自活問題　他　（陸軍主計課別班）

ニ、占領地間物資交流状況

ビルマに於ける主要農産物需給関係調査　他　（陸軍主計課別班）

六、ソ連

1．主として軍需生産力

ソ連軍事工業のアウタルキー問題について　（満　鉄）

亜細亜ロシアに於ける重工業　他　（陸軍主計課別班）

2. 重要物資需給状況
ソ連邦経済調査資料　上下（陸軍主計課別班）
ソ連邦経済力調査（陸軍主計課別班）
他

資料『秋丸陸軍主計大佐講述要旨　経済戦史』

（昭和十七年自七月至八月講義　昭和十八年一月総力戦研究所調整・昭和二十七年十月保安研修所複製）

序　論

経済戦史に関する東西の文献を渉猟するも、未だこれが体系的叙述を見ず。これが新しき企として、本研究に於いては、次の如き方法により経済戦史の体系的叙述を試む。即ち一般戦争形態の歴史的発展過程に相応し、その一環としての経済戦の形態も如何に変化し来つたかを研究す。

それ故、本稿の構成左の如し。

第一章にあっては、近世に於ける戦争形態の歴史的発展過程を叙述し、先ずナポレオン戦争並びに十九世紀の多くの戦争は単一武力戦をとり、次いで前世界大戦は総動員戦争の形態をとり、今次大戦こそ初めて真の総力戦形態をとるに至ることを明らかにす。

第二章に於いては、ナポレオン戦争が単一武力戦たるにとどまり、従つて経済戦は未だ有効な戦争手段たり得ざりしことを指摘す。

第三章に於いては、前世界大戦が総動員戦争たりしが故に、その一環として経済戦は有効な戦争手段となりしことを明らかにす。然し前大戦は英独共に既存の同一生存秩序、即ち帝国主義的生存秩序の維持を目的とせるが故に、経済戦は単に競争者としての敵の抗戦力の破壊と自己の抗戦力の防衛の手段に用いられたにとどまる。殊に破壊手段としての性格を帯びた。

第四章に於いては、今次大戦は真の総力戦なるが故に、その一環として経済戦は益々敵の抗戦力を破壊する手段として用いられると同時に、総力戦独自の目的からして当然経済戦は建設手段たる性格を明らかにす。即ち相戦う者の生存秩序が全く異なつて居り、一方は世界の旧秩序の維持を、他方は世界の新秩序の建設を目的として相戦う場合、その戦争は真に食うか食われるかの絶対的性質を帯び相互にその持つあらゆる力を無制限に行使する所の総力戦が現れるのであり、従つて総力戦の一環としての経済戦は、当然破壊と同時に建設手段たる性格を強く帯びるのである。

戦略性欠如の総力戦研究所演習

ところで、今述べました秋丸大佐の講義が行なわれていた「総力戦研究所」に関して、読者の皆様は、その名前を、これまでに耳にしたことがあるのではないでしょうか。あるいは、どこかで見たことがあるのではないでしょうか。この「総力戦研究所」とは、昭和一五年九月に開設された内閣総理大臣直轄の研究所です。国家総力戦に関する基本的な調査研究と、各官庁・陸海軍・民間などから研究生として選抜された青年たちに対して総力戦体制に向けた教育と訓練を施すことを目的としたものでした。「研究所」と銘打っていますが、総力戦研究所の目的としては、後者に比重が置かれていました。

作家で前東京都知事の猪瀬直樹《いのせなおき》氏の『昭和十六年　夏の敗戦』はよく知られた著作です。「総力戦研究所」の名前を、実はこの著作で知った方が多いのではないでしょうか。この著作は、総力戦研究所が、研究生三十数名に取り組ませた「総力戦机上演習」すなわち対英米戦の予測、およびその報告会（昭和十六年夏の開催）について描いています。

この総力戦研究所での演習の結論は、「奇襲作戦を敢行し成功しても緒戦の勝利は見込まれるが、物量において劣勢な日本の勝機はない。戦争は長期戦になり、終局ソ連参戦を迎え、日本は敗れる」という「日本必敗」でした。猪瀬氏のこの著書の主張は、「総力戦研究所での演習の結論を無視して、帝国陸軍が対英米戦に暴走した」というものです。

この著作の中で、報告会に臨んだ東條陸相の発言が復元されているので引用します。

「諸君の研究の労を多とするが、これはあくまでも机上の演習でありまして、実際の戦争というものは、君たちの考えているようなものではないのであります。（中略）戦というものは、計画通りにいかない。意外裡なことが勝利につながっていく。したがって、君たちの考えていることは、机上の空論とはいわないとしても、あくまでも、その意外裡の要素というものをば考慮したものではないのであります。なお、この机上演習の経過を、諸君は軽はずみに口外してはならぬということであります ッ。」

総力戦研究所は、本格的な戦略研究機関である「陸軍省戦争経済研究班」と活動時期は重なりますが、所属も性格もまったく違う別の組織です。総力戦研究所は、先ほど述べましたように、教育・訓練が開設目的の大きな比重を占めていました。そもそも「総力戦机上演習」についても、教育・訓練の域を出るものではなかったのです。

この演習では、対英米戦における「西進」の思想はまったく考慮されていません。石油を獲《と》りに行く蘭印（インドネシア）は登場しても、インドやインド洋はまったく出てきません。この演習は単なる物量比較、まさしく「机上の計算」に留まっていたのです。「陸軍省戦争経済研究班」のようなリアリティと創造力を発揮した立体的な戦略研究とは完全に次元を異にしたものなのです。

この演習では、総力戦に対する深い洞察も、敵の弱点（戦略点）の研究・検討もなかったのです。残念ながら、この最も大事な点を、猪瀬直樹氏は致命的に見過ごし誤解したまま、短絡的な文脈に基づく著作を世に出してしまったのです。世間を誤った方向へ誘導したのです。

たとえ話ですが、もし、織田信長《おだのぶなが》が、織田軍五千、今川軍《いまがわ》四万五千という圧倒的な兵力の差を前に小姓たちにこのような単純な机上演習をさせたなら、おそらく結論は同じ「織田必敗」だったでしょう。しかし、桶狭間《おけはざま》の戦いの結果は周知の通りで、織田の勝利に終わっています。

戦争は創造です。

戦いは、物量や兵力の差を超えて、優れた戦略と集中力で勝つことができることを人類の歴史は示してきました。日本は、追い込まれ、仕掛けられた戦争に直面しましたが、勝利への抜け道は確実にあったのです。チャーチルやルーズベルトが恐れたこの抜け道の存在を、陸軍はしっかりと把握し、的確な戦略を創ったのです。この抜け道とは「腹案」の基本思想である「西進」でした。猪瀬直樹氏が採り上げた東條陸相の発言にある「意外裡の要素」とは、実に含蓄の深い言葉だったのです。

第三章

山本五十六連合艦隊司令長官が、大東亜戦争を壊した

山本五十六の大罪

さて、山本五十六《やまもといそろく》連合艦隊司令長官の名前をご存じない方はいないでしょう。山本五十六連合艦隊司令長官は、早くから空母機動部隊による奇襲攻撃の有効性に着目して真珠湾攻撃を成功させる一方、米国の力を正確に把握していた開明的な海軍将校との像が、多くの人々に受け入れられています。

そして、山本五十六連合艦隊司令長官の戦死が日本の戦争遂行に大きな打撃を与えた、というのが一般的な語られ方です。無謀で不合理な陸軍に対して、先進的で合理的な海軍というイメージの代表格が山本五十六連合艦隊司令長官です。映画でもおなじみです。

しかしながら、結論から申し上げますと、第二章で採り上げました合理的な大東亜戦争の戦争戦略、**「腹案」の機軸を成す西進戦略を壊したのは、山本五十六連合艦隊司令長官だった**のです。このような話は、信じられないことかもしれません。なにしろ、山本五十六連合艦隊司令長官を名将ではなく迷将であったと言っているのですから。しかし、事実なのです。

山本五十六連合艦隊司令長官の、大局観のない、かつ読みの甘い偏った発想が、結局、米国の軍事供給力を、想定を超えた短期間のうちに高度に発揮させてしまいました。わが国にとっての戦争戦略の時間軸を歪《ゆが》めてしまいました。大きな罪です。取り返しのつかない亡国の大罪です。

それでは、具体的に見ていきましょう。

山本五十六連合艦隊司令長官は、昭和一六年一月七日付け及川《おいかわ》海相宛書簡「戦備に関する意見」にて「従来の邀撃作戦の図演等の結果は、帝国海軍は一回の大勝も得ていない。一旦開戦と決したる以上此の如き経過は断じて之を避けざるべからず。日米戦争に於て我の第一に遂行せざるべからざる要項は開戦劈頭《へきとう》敵主力艦隊を猛撃撃破して米国海軍及米国民をして救う可からざる程度に其の志気を沮喪せしむること是なり…。」と述べています。傍線は筆者が引いたものですが、この部分がとても重要です。

すなわち、山本五十六連合艦隊司令長官の救いようのない大きな認識の誤りを示しているのです。まったくの見当違いです。

ご存じの通り、真珠湾攻撃（奇襲）は真逆の結果を招いたのです。志気を沮喪せしむるどころか、**米国民の戦意を猛烈に昂揚させました。対枢軸開戦と同時に始まる米国の戦争準備を劇的にスピードアップさせ、米国が猛烈な勢いで供給力（経済抗戦力）を最大化**することを可能としたのです。

たとえば、第一章で見ましたように、「陸軍省戦争経済研究班」では、一九四三年（昭和一八年）の造船能力を、米国が五百万総噸《トン》、英国が百万総噸《トン》、併せて六百万総噸《トン》と予測していましたが、米国の戦争準備の勢いに火が付いたことで、当時のドイツ海軍の調査情報によりますと、米国の造船能力は倍の一千万総噸《トン》、英国でも百五十万総噸《トン》、併せて一千百五十万総噸《トン》と一気に倍増し、最大化に向かってしまいました。

この議論を筆者が再びイメージ化して掲載しました。「日米戦における経済抗戦力推移イメージ……真珠湾攻撃後」と題する171ページの図をご覧ください。真珠湾への攻撃（奇襲）により、米国の経済抗戦力を示すグラフの太線が、見事に上方へシフトしています。日本がいったん講和に持ち込まなければならない時間軸上のリミットは、より前倒しになり左方へシフトしました。

当初の想定の一年半から二年が、一年を切るくらいになってしまったのです。日本の持ち時間は少なくなり、一層、速やかに脇目を振らずに西進すべき状況に置かれたのです。時間軸が歪んだのです。

山本五十六連合艦隊司令長官は、真珠湾攻撃（奇襲）を、断固、わが国に実行させました。山本五十六連合艦隊司令長官は、自らの首をかけて、暴走したのです。大東亜戦争を瀬戸際へ追い詰めたのです。

後に、さらに大きな罪が加わっていきますが、「山本五十六連合艦隊司令長官が大東亜戦争を壊した」ことは、もはや歴史的な事実と言わざるをえません。

なお、日本は真珠湾を「奇襲」したつもりでしたが、残念ながらルーズベルト大統領は日本の企てを先刻承知で、あえて旧式戦艦等を無防備で真珠湾に停泊させ、日本軍の「奇襲」を待っていた、とする説が現在では有力です。ルーズベルト大統領は、大統領選挙当選時に戦争不参加を公約していました。戦争不参加の公約は世論の圧倒的な支持を得ていたのです。ルーズベルト大統領は、この公約を百八十度翻《ひるがえ》して、日本やドイツと開戦するための口実を求めていたのです。

山本五十六連合艦隊司令長官らに関して、潜水艦に対する認識不足も悔やまれます。彼らにとっての潜水艦は、主として戦艦や空母から成る艦隊周辺を航行して艦隊を守るものであったのです。

したがって、ドイツ並みに早くから、海上輸送破壊戦の主役を潜水艦と位置付けて重点化するという着意はなかったのです。ドイツ軍から見て、日本海軍は、この面でも非常にもどかしさを感じる同盟相手であったのです。

日米戦における経済抗戦力推移イメージ（真珠湾攻撃後）

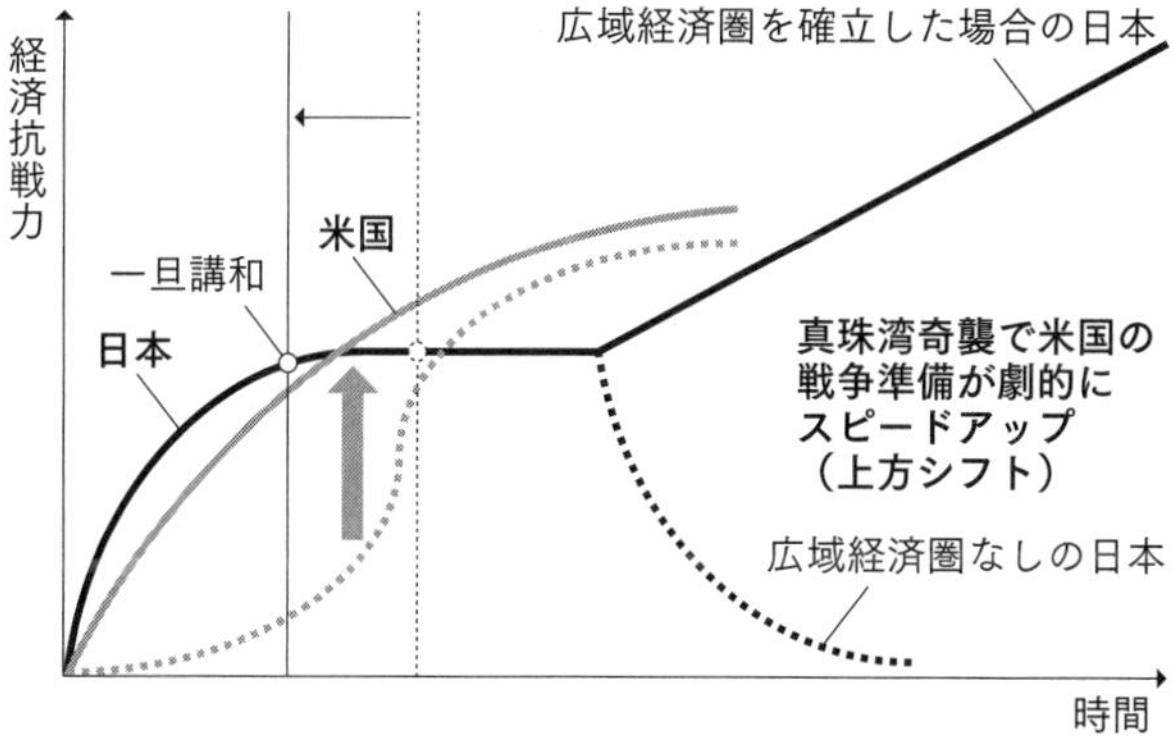

日本の持ち時間はより少なくなり、一層脇目を振らずに、西進すべき状況に置かれた。

「今後採るべき戦争指導の大綱」と、第二段作戦への危惧《きぐ》

話は「対米英蘭蔣戦争終末促進に関する腹案」に戻ります。

「腹案」の第二段作戦は、イギリス屈服に重点を置き、ビルマ、インド（洋）、さらには西アジアを見据えての**西進が基本**です。一方、ドイツは、イラク・イランへ進出し、日本と連携すべく、また、スエズ・北アフリカを睨《にら》みつつ油田確保も狙ってコーカサス（黒海とカスピ海に挟まれた地域）作戦を企図していました。

日本軍によるプリンス・オブ・ウェールズやレパルスの撃沈により東洋艦隊に大損害を被り、この時インド洋の覇権を失っていたイギリスは豪州やインドからの派兵ができなかったので、コーカサス、西アジアは枢軸側にとってこの上ない戦場だったのです。

この情勢下、三月七日大本営政府連絡会議で、第二段作戦の詳細検討の前提としての「今後採るべき戦争指導の大綱」が決定されました。

資料　**「今後採るべき戦争指導の大綱」**

（昭和十七年三月七日第九十二回大本営政府連絡会議決定）

一　英を屈服し米の戦意を喪失せしむるため、引続き既得の戦果を拡充して長期不敗の攻勢態勢を整えつつ、機を見て積極的の方策を講ず。

二　占領地域及び主要交通線を確保して、国防重要資源の開発利用を促進し、自給自足の態勢の確立及び国家戦力の増強に努む。

三　一層積極的なる戦争指導の具体的方途は、わが国力、作戦の推移、独ソ戦況、米ソ関係、重慶の動向等諸情勢を勘案してこれを定む。

四　対ソ方策は昭和十六年十一月十五日決定「対英米蘭蒋戦争終末促進に関する腹案」及び昭和十七年一月十日決定「情勢の進展に伴う当面の施策に関する件」に拠る。但し、現情勢においては、独ソ間の和平斡旋はこれを行わず。

五　対重慶方策は昭和十六年十二月二十四日決定「情勢の推移に伴う対重慶工作に関する件」に拠る。

六　独伊との協力は、昭和十六年十一月十五日決定「対英米蘭蒋戦争終末促進に関する腹案」の要領に拠る。

この「今後採るべき戦争指導の大綱」（以下では「大綱」と呼びます）で特筆すべきは、いや、驚愕《きようがく》すべきは、「二」において「機を見て積極的の方策を講ず」の文言が記載されたことです。この文言は、大東亜戦争における日本の勝利のためには、決して記載されてはならない代物《しろもの》でした。

陸軍参謀本部第一部長田中新一《たなかしんいち》中将が後に次のように回想しています。なお、参謀本部第一部は、参謀本部の中でも、「作戦」を担う最中枢の部署です。

「陸軍の主張は、開戦直前における連絡会議の判断通り、長期戦争の見地に立ち、この戦争を戦い抜くため長期不敗の防戦態勢を整えようとするにある。そのため、太平洋正面において今後危険を伴うような大規模な進攻作戦は抑制し、陸海空戦力を培養して、（中略）西太平洋における海上交通の保護を完璧にし、大東亜共栄圏における長期戦的建設を促進することを優先的に考えるべきであるというにあった。尚、この間、インド洋地域を重視し、独伊の作戦と呼応し、機を見てインド・西亜打通作戦を完遂し、戦争終末促進に努めようとした。一方、海軍の主張は、大東亜戦争の主作戦は終始一貫太平洋正面にあるとの立場に立ち、戦争終結の道は一に米国の戦意を喪失させるにあるとして、いわゆる早期決戦の構想を堅持し、少なくとも如何なる場合においても、我は攻勢的姿勢を取って敵を守勢に立たせ、敵の反攻拠点を撃破してその反攻の初動を封殺することが絶対に必要であるというのである。要するに開戦前に予想された太平洋正面における守勢的戦略を今や攻勢的戦略に転換しうべき情勢であるというに帰着する。そしてその方策としては、米国の対日反攻の最大拠点である豪州攻略が強調され、長期不敗の政戦態勢の確立を中心とする陸軍の守勢戦略論と、真っ向から対立した。『機を見て積極的の方策を講ず』については、陸軍がこれを戦術的なもの、乃至は作戦の意気込みを表現したものであると解するのに対し、海軍側では、豪州、ハワイ方面に作戦して敵の海軍兵力を撃破し、その反攻拠点を覆滅することまでも、それに包含されるという意向を明らかにした」

田中新一中将は業務日誌にも、

「三月八日　戦争指導は恐るべき転換を来《きた》すかも知れない。海軍の太平洋攻勢作戦が戦争指導の主宰者になる。三月十日　太平洋の積極作戦は国力速成の根幹をゆるがす。不敗態勢の建設を第一義とする要あり。（中略）大東亜戦争指導は緒戦の終了と共に岐路に立てり。印度―西亜打通の重視」

と書き残しています。

山本五十六連合艦隊司令長官に引きずられた海軍の姿、ひいては日本軍の悲劇が浮き彫りになっています。

そう、「恐るべき転換」を来してしまったのです。

昭和一七年三月七日の「大綱」決定後、かなり遅れて四月一五日に海軍が決定した第二段作戦は、陸軍の危惧《きぐ》した通りの内容でした。要点は次の通りです。

一、インド洋にあるイギリス艦隊を撃滅し、独伊の西亜作戦に呼応してセイロンを攻略し、イギリス・インド間を遮断して、独伊との連携を確保する。

二、フィジー・サモア諸島、ニューカレドニア島を攻略して、米豪間の交通路を遮断し、できれば豪州攻略を企図する。

三、アメリカによる日本本土奇襲を困難にするためミッドウェー島を攻略し、アリューシャン列島の作戦基地を破壊または攻略してアメリカの作戦企図を封止する。

四、ハワイの外郭基地（ジョンストン島等）を攻略しアメリカ艦隊に決戦を強要する。状況が許せば陸軍と協力しハワイを攻略する。

「一」は「腹案」に沿っていますが、「二」～「四」は、「腹案」では日本に成算がないと勝手に考えた山本五十六連合艦隊司令長官の、緒戦の勝利で勢いを増した意向による東向きの積極作戦です。

陸軍は、攻勢の限界を超えることを恐れました。陸軍は、ジャワ占領によって第一段の戦略目標は達成されたので、おおむねその線で長期持久態勢を固め、連合艦隊の主力をインド洋に指向し、インド脱落、西亜（ペルシャ、イラク、アラビア方面）打通に資する作戦のみにすべきと主張しました。至極まっとうな正論です。

インド洋作戦、絶好のチャンス

話は遡《さかのぼ》りますが、真珠湾で空母を討ち漏らした山本五十六連合艦隊司令長官は、ハワイ攻略に挑みたかったのですが、航空兵力の整備を待つ間に、セイロン島攻略によりインド洋のイギリス艦隊を誘い出し撃滅して西正面の態勢を整えようとしました。

そして、昭和一七年二月下旬にはインド洋作戦の図上演習が行なわれました。この時、ドイツも日本に対してインド洋でのイギリスの後方攪乱《かくらん》を要請していました。開戦時に、イギリスは東洋艦隊旗艦プリンス・オブ・ウェールズを失い、最重要拠点シンガポールも陥落しました。大損害を被ったイギリス東洋艦隊はセイロン島に退避。その後、本国艦隊から増援を受け、戦艦五隻、空母三隻の大艦隊に復活していたため、ビルマ攻略を控えた日本軍にとって脅威となっていました。

当然、インド洋作戦は陸軍の望む所です。ただし、セイロン島攻略はビルマ作戦を進める中で「独伊の西亜作戦に呼応して」とし、この時点では時期尚早としました。

日本海軍がこのインド洋作戦で東洋艦隊を再度破り、インド洋を制覇した場合、インドや豪州からイギリス本国への原材料・食糧の輸送ルート、ペルシャ湾岸からの石油の輸送ルート、ソ連や蔣介石政権への支援ルート、さらには、アフリカ東岸回りでのインドやエジプトへの兵員・武器の輸送ルートが遮断され、結果、北アフリカで独伊軍が勝利し、チャーチル政権は打撃を受けイギリスが戦争から脱落する可能性が大きかったのです。まさにドイツ・日本の枢軸側の絶好のチャンスでした。

日本海軍は、第一段作戦の最終章のインド洋作戦として、四月五日から六日に、セイロン島沖で空母機動部隊によるイギリス東洋艦隊の再撃滅を目指しました。日本海軍はコロンボ港やトリンコマリ軍港の空襲、飛行場の破壊を行ないながら、空母一隻、重巡二隻、ベンガル湾内の商船二十一隻を撃沈するという一方的な勝利を収めました。しかし、結果的にイギリス東洋艦隊の多くをインド西岸ボンベイやアフリカ東岸に取り逃がし、このチャンスに撃滅の目的は達せられませんでした。

一方、チャーチルは、四月七日および一五日付のルーズベルト宛書簡で「今、日本がセイロン島と東部インドからさらに西部インドへ前進してくれれば対抗できない。蔣介石支援ルート、ペルシャ湾経由の石油輸送ルートやソ連支援ルートが遮断される」とし、四月末までにアメリカ太平洋艦隊が日本の西進を止め東へ転じさせるべく牽制行動をとるよう切望していました。米英ともに、日本軍が西進し、インド・中東においてドイツと出会い、枢軸側による世界制覇が半ば達成されることを恐れたのでした。

ですから、日本海軍はこの後も、すかさず、脇目を振らずにインド洋方面に、積極展開すべきだったのです。

乾坤一擲《けんこんいってき》ドゥーリトル空襲と、ミッドウェー海戦の大敗北

ところが、結論から申し上げますと、日本の西進を止めることを狙った米国の**乾坤一擲の陽動作戦・ドゥーリトル空襲**に、山本五十六連合艦隊司令長官は予定通り誘い出され、陸海軍をして東の太平洋に向かわせしめてしまったのです。そして、あのミッドウェー海戦の大敗北を招きました。

当時、日本海軍が潜水艦によるアメリカ西海岸への挑発的な攻撃を行なう一方、アメリカ艦船による日本本土攻撃は、日本軍の厳しい警戒下、きわめて危険で困難な状況でした。

そこでアメリカは、工夫を凝らした前代未聞の奇策を練りました。すなわち、陸軍の長距離爆撃機を日本から遠く離れた海域で海軍の空母から決死の発艦をさせて日本本土に向かわせ、日本本土の目標地点を空襲する。その後は、着艦は不可能なので、海を越えて中華民国の飛行場に着陸させ、搭乗員たちを重慶に向かわせるという作戦です。

この作戦を、アメリカ陸海軍は共同で大急ぎで準備しました。蔣介石とも連絡を取りながらの準備でした。空襲部隊の指揮官は、リンドバーグと並ぶアメリカの空の英雄、リンドバーグの大西洋横断飛行より五年早く一九二二年（大正一一年）に二十四時間大陸横断飛行に成功して名を馳《は》せたドゥーリトル陸軍中佐です。

チャーチルからルーズベルト宛の書簡とも符合する時期の昭和一七年四月一八日朝、犬吠埼《いぬぼうさき》より約千百キロメートルの地点で、空母エンタープライズに守られた空母ホーネットから、ドゥーリトル陸軍中佐が指揮するB—25十六機が東京方面等に向かい空襲を敢行しました。空襲部隊は、その後中華民国領土を目指して飛び、空母は真珠湾へ帰りました。アメリカは、太平洋の貴重な空母四隻のうち、実に二隻を本作戦に投入していたのです。アメリカにとって、絶対に失敗の許されない作戦だったのです。

この日本本土空襲での投下爆弾は三十、投下焼夷弾は千四百六十五。日本国民はこの時米軍機からの無差別攻撃を受け、死者は子供を含む八十七名、重軽傷者四百六十六名、家屋三百五十戸の被害を出しました。加えて、監視艇被害等で十三隻、死者四十四人を出しています。

日本本土上空での米軍機の第一発見者は、偶然にも、内情視察のため宇都宮から水戸に陸軍機で移動中の東條英機首相でした。この時は、護衛機も付けない平時飛行でした。東條首相は度肝《どぎも》を抜かれ、ただちに内情視察を中止し、大慌てで水戸駅から汽車に乗り東京駅に向かい、すぐに陛下への報告に参内したのでした。

ドゥーリトル空襲は、最も効果的に日本の政治の中枢部に直撃弾を浴びせたのです。日本軍の面子《メンツ》は完全に丸潰れとなりました。特に海軍に与えた衝撃は甚大で、山本五十六連合艦隊司令長官のプライドは大きく傷つきました。

ドゥーリトル空襲により、今後の空襲を防ぐためにはミッドウェー島占領が必要だという山本五十六連合艦隊司令長官の説明に説得力が増してしまいました。山本五十六連合艦隊司令長官は、乾坤一擲のドゥーリトル空襲に込められたアメリカ側の意図にまったく思いを致そうとはしませんでした。このミッドウェー作戦については、後で述べますように、海軍内においてさえ作戦発動時期等について議論があり、ペンディング状態であったのですが、ドゥーリトル空襲によって、陸軍も含めて疑義を呈する議論が一気に収束してしまいました。

日本の「西進」を「東進」に転換させるというアメリカの巧妙な意図は、きわめて効果的な乾坤一擲の奇襲で見事に実現したのです。この時、日本の国家戦略である

「腹案」の西進が吹っ飛んだのでした。

なお、当時の朝日新聞を見ると、ドゥーリトル空襲後も、日本軍のインド（洋）進出や、北アフリカ戦線の動向が一面を飾る国民的関心事でした。特に、インド独立への支持は、日本人の感情としては二十世紀初めから存在し、インド独立連盟の活動やインド国民軍の創設も日本が支援しました。

そして、陸軍は五月にはビルマに進出していました。国を挙げて西進政策を共有し、関心は西方にあったのです。マスコミや世論が、「腹案」の根本思想の変更、西ではなく一斉に東の太平洋に向かえ、と求めた形跡はありません。

ちなみに、この五月、英ソ相互援助条約が結ばれ、対ソ支援ルートとしてインドが明確化されました。当時、英米海上輸送の破壊のための潜水艦は、日本はインド洋に五隻、豪州近海に五隻を配備するのみでしたが、ドイツは大西洋を中心に二百二十五隻から三百七十五隻を配備して英米の船舶に猛攻撃をかけていました。日本海軍にとって迅速な西進がますます必要とされる状況となっていたのです。

一方、ミッドウェー島というのは、アメリカの太平洋正面の防衛・進攻根拠地であるハワイの前哨として戦略的な要地でありました。山本五十六連合艦隊司令長官以下連合艦隊は米空母部隊を撃滅してのミッドウェー島占領後は、十月のハワイ攻略まで同島を確保できると算段していました。安易です。米空母による日本本土空襲も当分不可能となるとの見解でした。

海軍軍令部はこの島の維持は困難としていました。先に述べましたように、このミッドウェー作戦については、海軍内においてさえ作戦発動時期等について議論があるのでペンディングとしていたのです。結局ドゥーリトル空襲が影響して、「腹案」を無視したミッドウェー作戦が六月四日に正式に実施となったのです。

結果は、ご存じの通り日本の大敗北です。

空母が壊滅的損害を被《こうむ》りました。アメリカ海軍の待ち伏せにより、米空母の喪失は一隻のみでしたが、日本は主力空母四隻と艦載機、搭乗員を一挙に喪失、ミッドウェー島攻略にも失敗し、山本五十六連合艦隊司令長官の連続決戦構想はここに破綻しました。

しかも、とんでもないことに海軍はこの大敗北と壊滅的損害を、陸軍側に長く知らせていなかったようです。もちろん、ミッドウェー作戦という暴挙の遂行のために西進戦略のタイミングは大きくずらされています。インドではガンディーが日本軍不利、結局日本は敗けると見てとって、一時の親日姿勢を後退させました。

再びのインド洋作戦、ガダルカナル攻防、そして「腹案」の破綻

ところが、です。再びのインド洋作戦、すなわち「腹案」への回帰のチャンスが、またもやわが国に巡ってくるのです。

昭和一七年六月二一日、ついに、ドイツ軍がリビアのトブルクにあるイギリス要塞を陥落させ、エジプトへと突入しました。誰が見ても、枢軸側の画期的な勝機です。

これを受けて、急遽《きゅうきょ》六月二六日に日本海軍は、再編した連合艦隊を投入するインド

洋作戦を決定。陸軍参謀本部作戦部もセイロン島の攻略を東條首相に進言しました。七月上旬には、永野《ながの》軍令部総長はフィジー・サモア作戦中止とインド洋作戦を上奏しました。四月上旬以来、作戦は再びインド洋、「腹案」の西進に回帰したのです。

この再びのインド洋作戦は、海軍が、セイロン島からココス島（モルディブの南千六百キロメートル）、マダガスカル島に至るインド洋域を潜水艦と主力艦隊で制圧するという大規模なもので、八月上中旬ベンガル湾作戦、一〇月以降アラビア海作戦、マダガスカル南方作戦、インド南方洋上作戦、セイロン島攻略を企図していました。遅まきながら、海軍が「腹案」の西進に回帰しての、今度はわが国にとっての乾坤一擲のチャンスを迎えたのでした。

しかしながら、しかしながら、またしてもここで、山本五十六連合艦隊司令長官がこのチャンスを壊したのです。

連合艦隊に引きずられた海軍は、「腹案」をはるかに逸脱して米豪遮断の準備も進めていました。そして、何と、マリアナ諸島、カロリン諸島、ニューギニア西部以西の絶対的な国防圏から遠いラバウルに基地航空部隊を集中。五月上旬のツラギとニューギニア島南東岸にあるポートモレスビーを奇襲攻略するMO作戦やサンゴ海海戦を経て、さらにラバウルから千キロメートルも離れていて連合国側の勢力範囲にあるガダルカナルに進出し、七月から航空基地の建設を始めたのです。特に、山本五十六連合艦隊司令長官がガダルカナルに固執していたのです。

八月七日、このガダルカナルにアメリカ第一海兵団が突如上陸。日本は激烈な消耗戦を展開し、多くの搭乗員を含む陸海軍兵、航空機と艦艇、石油を失ったのです。まったく無意味な消耗戦。誰の目から見てもガダルカナル作戦は明らかな失敗であり、日本の国力から、その後この損失を回復することは不可能でした。

ここに、**インド洋作戦を始めとする西進戦略はすべて崩壊、日本の戦争戦略は完全に破綻**したのでした。**山本五十六連合艦隊司令長官らによる戦争戦略からの逸脱が、わが国をそもそも意図せざる太平洋戦争という地獄へと転落させ、大東亜戦争を遂行不能に陥れた**ということです。英霊たちの山本五十六連合艦隊司令長官に対する怨嗟《えんさ》の声が聞こえてきます。
この時点で、祖国は、大東亜戦争に敗れたのです。

日本がインド洋を遮断しなかったために、アメリカは大量の戦車と兵員を喜望峰回りのアフリカ東岸航路にてエジプトへ送ることができました。
その結果、七月二一日のエル・アラメインの戦いで、ドイツ軍によるスエズへの前進は止められました。その後、独伊軍は一一月にリビアへ撤退し、昭和一八年五月にはチュニジアの戦いで壊滅しました。ドイツ軍の日本海軍に対する怨嗟の声も聞こえてきます。

第四章　歴史の真実を取り戻せ！

有沢広巳の不都合な真実

話を「陸軍省戦争経済研究班」（秋丸機関）に戻します。

陸軍省戦争経済研究班の実質上の研究リーダーであった**有沢広巳**は、昭和一六年三月付で**報告書「經濟戰爭の本義」**を著わしました。そこで、有沢広巳は、「現代戦は莫大な資材戦であり、経済は国防・戦争遂行の担当者となり、もはや『経済一般』は存在しない。『国防経済』のみが存在し、経済は国家の下に有る」と説き、戦争経済研究班の依《よ》るべき根本思想として、経済の**戦争への積極的・能動的立場**、**「国防経済思想」**を提示しました。

ナチスが第一次大戦から教訓を得て確立した立場と同じです。それまでの経済学のアカデミズムでは、「戦争」と「経済」との関係は、「政治的関係」と位置付ける立場と、「社会経済的関係」と位置付ける立場とがありました。「政治的関係」とは、経済は戦争の原因であり、また武力戦は経済闘争の手段とみるもので、帝国主義をよく説明するものでした。「社会経済的関係」とは、平時の自由主義経済が正常状態であり、戦時の経済は一時的、病理的なものであるとするもので、戦争の経済への負の影響を考察するものです。このような二つの立場がある中、有沢広巳は、新しい立場から、「国防経済思想」すなわち「国防的経済関係」を説いたのです。これは、わが国のマルクス経済学者にとって、とても大きな思想的な跳躍です。

有沢広巳によるこの**根本思想の提示**を受けて、戦争経済研究班に結集したさまざまな立場の最高頭脳たる経済学者たちは、一挙に各国の抗戦力判断の研究を推し進めたのです。この有沢広巳の思想が、帝国陸軍の経済戦争遂行に能動的な影響を大いに与えたということです。

この「經濟戰爭の本義」および有沢広巳によるその直筆原稿（複写版）は、秋丸次朗によって帝国陸軍出身者の親睦組織である偕行社《かいこうしゃ》に寄贈されていました。筆者は、通い詰めていた防衛省防衛研究所の資料閲覧室に勤務するベテラン職員の方から、「陸軍省戦争経済研究班」に関する文献が靖國偕行文庫室に保管されていることを伺《うかが》いました。さっそく靖國偕行文庫室を訪ね、そこで「經濟戰爭の本義」および有沢広巳による直筆原稿と出会うことができたのでした。文献は偕行社から靖國偕行文庫室に引き継がれたのです。しかし、そもそも、なぜ、秋丸次朗が「經濟戰爭の本義」および有沢広巳によるその直筆原稿を偕行社に寄贈したのかは不明です。なぜ、秋丸次朗が、これらを後世に残したのか、大きな謎なのです。

有沢広巳といえば、戦後は、吉田《よしだ》首相のブレーンとして、石炭と鉄鋼の生産を核とした経済復興、すなわち「傾斜生産方式」を企画、推進したことで有名です。この傾斜生産方式の発想は、「陸軍省戦争経済研究班」が、ソ連の経済学者レオンチェフの産業連関理論を応用して、わが国を始めとして一国の経済抗戦力の弱点の全関連的意義を調査分析して生まれたもの、との説が伝えられています。

有沢広巳はその後、わが国の原子力政策を主導したことでも知られています。また、親中派の代表的人物であり、「中国侵略の贖罪」として蔵書二万冊を対日諜報活動の本丸である中国社会科学院日本研究所へ寄贈し「有沢広巳文庫」を設立しました。「日本は中国に謝り続け、アメリカに感謝し続けなければならない」が、彼の持論です。東京大学名誉教授、法政大学総長、日本学士院長を務め、叙勲一等授瑞宝章、授旭日大綬章、叙正三位と、いわば戦後レジームの立役者です。

七十歳になって、ナチスドイツに取って代わられたとされるワイマール共和国に入れ込み、ワイマール共和国の興亡について本を書きたいと言って執筆を始めました。八十歳で『ワイマール共和国物語』を完成させて私家版として周囲に配布しました。ここでは、有沢広巳自身が、戦前からいかに反ファシズムであり、いかに民主主義を愛していたかが強調されています。

この有沢広巳を始め、戦後、進歩派で鳴らした学者たちにとっては、「陸軍省戦争経済研究班」で大東亜戦争の戦略立案に貢献したという事実は、**絶対に明らかにされたくない過去、不都合な真実**でした。彼らにとっては、恥部であり、弱点以外の何物でもないのです。

戦後出版された有沢広巳の回顧録は、事実を歪曲《わいきょく》し、「秋丸機関が陸軍に戦争することを思いとどまらせることに努めたにもかかわらず、陸軍がそれを顧《かえり》みずに開戦へと暴走した」と虚偽を記載し、「陸軍省戦争経済研究班」の真実のストーリーを完全に隠しています。

昭和三一年（一九五六年）にエコノミスト誌に掲載されました有沢広巳の回顧録「支離滅裂の秋丸機関」の主要部分を次に資料として掲げます。有沢広巳が虚偽記載した部分に、筆者が傍線を施してあります。情けない歴史の改竄《かいざん》です。

資料　**「支離滅裂の秋丸機関」有沢広巳**

ぼくたちの英米班の暫定報告書は九月下旬にできあがった。日本が約五〇パーセントの国民消費の切り下げに対し、アメリカは一五～二〇パーセントの切り下げで、その当時の連合国に対する物資補給を除いて、約三百五十億ドルの実質戦費をまかなうことができ、それは日本の七・五倍にあたること、そしてそれでもってアメリカの戦争経済の構造にはさしたる欠陥はみられないし、英米間の輸送の問題についても、アメリカの造船能力はUボートによる商船の撃沈トン数をはるかに上回るだけの増加が十分可能である……といった内容のものであった。それを数字を入れて図表の形で説明できるようにあらわした。秋丸中佐はわれわれの説明をきいて、たいへんよくできたと喜んでくれた。

九月末に秋丸中佐はこの中間報告を陸軍部内の会議で発表した。これには杉山参謀総長以下、陸軍省の各局課長が列席していたらしい。むろんぼくたちシヴィリアン（民間人）は出席できなかった。秋丸中佐は多少得意になって、報告会議にのぞんだようだったが、杉山元帥が最後に講評を行なったとき、中佐は愕然色を失った。

元帥は、本報告の調査およびその推論の方法はおおむね完璧で間然とするところがない。しかしその結論は国策に反する、したがって、本報告の謄写本は全部ただちにこれを焼却せよ、と述べたという。

会議から帰ってきた中佐は悄然としていたそうだ。そして班員にわたしてあった謄写本を全部回収して焼棄したので、むろん、ぼくのところにも残っていない。報告に使った数字も今でははっきりさせることができない。

秋丸次朗の不都合な真実

帝国陸軍が科学的・合理的であり高度で正確な認識を持っていたことは、日本を不当に侵略した米国にとって、不都合な真実です。戦後レジームにおけるレッテル「大東亜戦争は、日本軍（陸軍）が、無謀な戦争へと暴走したもの」が成り立たなくなるからです。このため、これまで述べてきました「陸軍省戦争経済研究班」の真実のストーリーは、**戦後のＧＨＱ支配下で完全に歴史から抹殺**されました。真実を物語る一切の文書が没収され、真実を物語る一切の記録が削除されました。

秋丸次朗を始め、生き残った軍人たちも、残念ながら、歴史の抹殺を図るこの新たな権力者たちの指示に従い、共犯者となってしまいました。秋丸機関主要ＯＢたちは、秋丸次朗や有沢広巳を筆頭に、戦後、年一回、必ず会合を持ちました。ここで、歴史の真実の隠蔽について、入念な打ち合わせが行なわれたものと思われます。真実がけっして蘇ることがないように、ということです。

昭和五四年（一九七九年）に書かれ、昭和六三年（一九八八年）に発行された秋丸次朗の回顧録『朗風自伝』も、事実を完全に歪曲したものとなっています。「秋丸機関が陸軍に戦争することを思いとどまらせることに努めたにもかかわらず、陸軍がそれを顧みずに開戦へと暴走した」と虚偽を記載し、「陸軍省戦争経済研究班」の真実のストーリーを完全に隠しているのです。

少し長くなりますが、秋丸次朗の回顧録『朗風自伝』において中心的な位置を占めている「大東亜戦争秘話　開戦前後の体験記　―秋丸機関の顚末を中心に―」を次に掲載します。

これも、情けない限りです。

資料　**『朗風自伝』秋丸次朗**

大東亜戦争秘話　開戦前後の体験記　―秋丸機関の顚末を中心に―

まえがき

「敗軍の将は兵を談ぜず」と云う諺がある。（中略）敗軍の将は、敗戦の負け惜しみや自分の自慢話などしてはならない。黙々として、その責任を負うべきである、と云う武人の心得を教示する言葉であると思われる。

私は、もとより軍隊を指揮する兵科将校ではなく、軍政に携わる経理部将校に過ぎないが、少尉任官以来二十五年の間軍籍にあって、その後半は軍中枢部の軍政機務に参画し、敗戦素因の一端を負担すべき地位にあった関係上、敗軍の将と同様に、兵を談ずる資格はないことを自覚して、今日まで軍隊生活のことは、黙して語らずと云う姿勢を守って来た。しかし、大東亜戦争も既に三十余年を経過し、満州事変に遡れば半世紀近くの歳月が流れ、今や現代史として語られる位置づけとなった。従って戦記物や軍人の回想録なども続々出版されて「日本軍は斯く戦えり」と云う実相も明らかになりつつある。（中略）やはり、自分も軍人として果たした役割を忌憚なく記録して残すことも後世の為に何等かの価値あることを痛感していたのである。たまたま、本年一月八日、ＮＨＫ教育番組、パーソナル現代史「有沢広巳・戦後経済史を語る」の中で、開戦前に関与した秋丸機関に就いて放映されたのをきっかけに、家族の者すら初めて事の真相を知った次第で、各方面からもなお詳細な話を知りたいとの要求も出てきたので、せめてわが経て来た軍歴のことどもを記録して、子子孫孫や、とくにお世話になった方に呈せんものと決意し敢えて筆を執ることにした次第です。

経済戦準備の発端

昭和十四年九月、関東軍参謀部付として満州国経済建設の主任を担当していた私は、陸軍省経理局課員兼軍務局課員へ転任を命ぜられた。

当時満州国では産業開発五ケ年計画に基づき、日満一体の国防経済の一翼を担い、重工業開発の為鮎川義介の主宰する日産コンツェルンの満州移駐を図りつつあった。これがため鮎川を総裁とする満州重工業開発会社を創建してこれが育成強化に努めていた。私は内面指導の立場から満州国当局のバックアップに専念していた。従って、この度の転任は当然陸軍省にあって、引き続き満州国関係の仕事を命課されるものと思い、急いで赴任した。

東京着の翌日、早速、三宅坂の陸軍省に出頭し、軍務局軍事課長岩畔豪雄大佐に着任の挨拶をした。岩畔大佐（後に少将）は陸軍きっての実力者で軍政の家元と云われる人物である。大佐は開口一番「貴官の着任を待っていた。新任務に就いて、ここでは詳しい話も出来ないから外にでよう」と云うことで、同行した東福清次郎《とうふくせいじろう》中佐（経理局課員、鹿児島県出身の後輩、後にビルマで戦死、主計少将）と共に麴町宝亭（洋食店）に行った。ここで昼食の後、三人は密談に入った。

岩畔課長は、大きな眼を輝かしながら情熱をこめて語るのであった。

「わが陸軍は先のノモンハンの敗戦に鑑み、対ソ作戦準備に全力を傾けつつあるが、世界の情勢は対ソだけでなく、既に欧州では英仏の対独戦が勃発している。ドイツと近い関係にあるわが国は、一歩を誤れば英米を向こうに廻して大戦に突入する危惧が大である。大戦となれば、国家総力戦となることは必至である。然るに、わが国の総力戦準備の現状は、第一次世界大戦を経験した列強のそれに比し寒心に堪えない。企画院が出来、国家総動員法は施行されたが総力戦準備の態勢は未だに低調である。そこで陸軍としては、独自の立場で秘密戦の防諜、諜報活動をはじめ、思想戦、政略戦方策を進めている。しかし、肝心の経済戦に就いて何の施策もない。貴公がこの度本省に呼ばれたのも、実は経理局を中心として経済戦の調査研究に着手したいからである。（後略）」と云うことであった。私は、事の意外と責任の重大さに戸惑ったのである。

経済戦研究班の結成

内命は受けたが、全ては秘密裏に行わなければならない。予算も手足となる人員も相談相手もなく、独り暗中模索して途方に暮れ、経理局の片隅に一脚の机と椅子を借り、方策を講ずるほかない有様であった。

時の経理局主計課長森田親三大佐、高級課員遠藤武勝中佐も、事態に心配し、まず相談相手として加藤鉄矢氏（退役主計少佐、元満州国官吏）を推薦し、若干の予算も配当された。渡りに舟で力を得て、事務所を九段偕行社の一室に構え研究班の編成に着手した。そのうち川岸茂文主計大尉、山科松雄陸軍属官の二名がスタッフとして配属になり、必要の事務員も募集して事務機構も二十数名に達し、事務室も狭隘になったので十五年正月早々麴町二丁目の川崎第百銀行の二階を借用して移転し、愈々本格的な活動に入った。

研究グループの組織

経済戦の真髄も武力戦と同様、孫子の兵法「敵を知り、己を知れば百戦殆（あやふ）からず」にあると考えた。仮想敵国の経済戦力を詳細に分析・総合して、弱点を把握すると共に、わが方の経済戦力の持久度を見極め、攻防の策を講ずることが肝要であった。

この基本調査の為には、学者グループの動員が先決であった。そこで苦心の結果、有沢広巳氏（休職・東大教授）を中心に英米班、独伊班に武村忠雄氏（慶大教授）、ソ連班に宮川実氏（立大教授）、南方班に名和田政一氏（元サイゴン駐在の正金銀行員）、日本班に中山伊知郎氏（東京商大教授）をそれぞれ主査として委嘱し、このほか国際政治班に蠟山政道氏（東大教授）、木下半治《きのしたはんじ》氏（教育大教授）を起用した。これらの各班毎に主査を中心とする研究グループを結成した。これらの面々は、当時の学界に於いて最も進歩的学者と目されるメンバーであった。その証拠には、終戦直後、吉田茂首相が内閣を組織するに当たり、第一番目に目星をつけたのが、東大教授に復帰した有沢広巳氏で、経済安定本部長官に懇請したが、固く辞退して受けなかった。その他の人々も戦後の経済再建に多大の貢献をしておられる。

これらの研究班と併行して、戦略的個別調査のため、各省の少壮官僚、満鉄調査部の精鋭分子をはじめ、各界にわたるトップレベルの知能を集大成することに成功した。

東條陸相に睨まれる

研究班の態勢が整い、活動が緒についた頃、一般政財界のわが機関に対する注目が強くなった。満州国に於ける関東軍の様に、内地でも陸軍が日本の経済界を牛耳り、統制経済体制に移行するのではないか、との疑念がおこったのである。それまでは、研究班の名称を陸軍省戦争経済研究班としていたが、このような疑念を避ける為、陸軍省主計課別班と変名したり、部外には単に秋丸機関と称してその内容を糊塗するなど苦心が多かった。その上更に厄介な事件が起こった。最有力メンバーの有沢教授が例の第二次人民戦線事件に連座、治安維持法違反容疑で起訴保釈中の身分であることが問題となった。私は、この事は最初から承知の上で依頼したのだが、検察当局から苦情がでる。右翼関係から抗議がくる。世間一般からも陸軍の赤化と騒がれる。喧しい屋の東條首相が黙っている筈がない。経理局長を通じて再三注意があった。一度は大臣に呼ばれ、首を覚悟でいったが、森田主計課長の配慮で、私は室外で待機し、課長が一人入室して釈明に当たられたので事なく済んだこともあった。その後も憲兵隊からは、毎日ほど偵察にやって来る。世間からはうるさく云われるので、仕方なく苦肉の策をめぐらし、表向き解嘱の形をとり、蔭の人として密かに研究を続けてもらった。また、部外に煙幕を張る為、青山の陸軍需品廠構内に事務所を移し、地下に潜って任務の遂行に邁進した。

無視された調査成果

茨の道を歩きつつも、十六年七月になって一応の基礎調査が出来上がったので省部首脳部に対する説明会を開くこととなった。当時欧州では英仏を撃破して破竹の勢いであった独伊の抗戦力判断を武村教授（当時、召集主計中尉として勤務中）が担当し、次いで私が英米の総合武力判断を蔭の人有沢教授に代わって説明した。説明の内容は、対英米戦の場合経済戦力の比は、二十対一程度と判断するが、開戦後二ヵ年間は貯備戦力に依って抗戦可能、それ以降はわが経済戦力は下降を辿り、彼は上昇し始めるので、彼我戦力の格差が大となり、持久戦には堪え難い、と云った結論であった。既に開戦不可避と考えている軍部にとっては、都合の悪い結論であり、消極的和平論には耳を貸す様子もなく、大勢は無謀な戦争へと傾斜したが、実情を知る者にとっては、薄氷を踏む思いであった。

以上、秋丸次朗の『朗風自伝』を紹介しましたが、これも傍線部分が、明らかに事実に反する嘘をついている箇所です。ここで改めて説明します。

まず、「一応の基礎調査」と貶《おとし》めていますが、最終報告です。有沢広巳も「暫定報告書」と書いていましたので、二人は示し合わせてこのような表現を採ったのでしょう。重い位置付けであるとの印象を避けるためでしょう。「二十対一程度と判断するが」との部分は、「陸軍省戦争経済研究班」設立の目的と重層的かつ立体的な研究の在り方から考えて、研究の成果・結論が、「二十対一」などとのレッテル表現で断じられることはけっしてあり得ません。繰り返しになりますが、「英米合作經濟抗戰力調査（其二）」の序論で、自ら「敵（英米）の経済抗戦力の大小については知ることが出来るのであるが、併しこれだけではこの与えられた大きさとしての敵の経済抗戦力を変化せしむべき契機については全く知るところがないからである。ここにおいてか、我々は敵の経済抗戦力の構成における戦略点（強弱点）の検討を必要とする」と戒めていたのです。最終報告では、英米の経済抗戦力の弱点の存在と全関連的意義、抗戦持久力の静態的観察および動態的観察、攻撃を集中すべき弱点（戦略点）についての説明がしっかりとなされたはずなのです。「持久戦には堪え難い、と云った結論であった。既に開戦不可避と考えている軍部にとっては、都合の悪い結論であり、消極的和平論には耳を貸す様子もなく、大勢は無謀な戦争へと傾斜したが、」の箇所に至っては、当時帝国陸軍の中枢部にいた責任者としての歴史的にきわめて大事な証言となるはずのところが、戦争に負けたとはいえ、わが国と、帝国陸軍と、英霊と、そして国民を冒瀆《ぼうとく》する大嘘にすり替える、恥ずかしい、愚かしい言辞となっています。繰り返しになりますが、帝国陸軍は、当時、絶対に英米との戦争を避けたかったのです。それでも、全面経済封鎖という万一の場合に備え、わが国に経済国力がないことを前提として対英米総力戦に向けての打開策の研究をするために、わが国の最高頭脳を集めた本格的なシンクタンク「陸軍省戦争経済研究班」を設立したのです。そして、集められた最高頭脳たちは、最終報告によってこの期待に応えたのです。最終報告の内容は、当然にして消極的和平論などではなく、対英米戦の勝利を目指したもので、後にわが国の国策として戦争戦略の基軸となったものでした。

秋丸次朗の回顧録はとてもすばらしい「まえがき」で始まるだけに、この大嘘はきわめて残念なことです。大嘘ではなく、真実を「子子孫孫に呈せんものと決意」すべきでした。

＊ご参考（ネットでご覧ください）

「秋丸機関の全貌」http://www.mnet.ne.jp/~akimaru/a-kikan/kikan.htm

秋丸次朗氏の御子息によるホームページです。秋丸次朗著『朗風自伝』に基づいた内容となっています。

「英米合作經濟抗戰力調査（其一）」の発見と情報操作

秋丸次朗は昭和六三年（一九八八年）一月三〇日にこの『朗風自伝』を発行したのですが、その直後の同年三月七日、高齢のためかねてから健康がすぐれなかった有沢広巳が亡《な》くなりました。享年九十二歳。その有沢広巳が「陸軍省戦争経済研究班」の英米班主査として取りまとめた結論報告書**「英米合作經濟抗戰力調査（其一）」が、死後、有沢広巳の自宅で遺族によって発見**され、他の著書や文献とともに東京大学経済学図書館に寄贈されたのです。

さあ、大変なことになりました。なにしろ、その存在が消されていた歴史の証言書が突然降って湧いたように出てきてしまったのです。「陸軍省戦争経済研究班」にかかわり戦後、進歩派で鳴らした学者たちを始めとして、戦後レジームを支える側、戦後レジームの利得者たちの側ではハチの巣をつついたような大騒ぎとなりました。当然のことながら、アメリカもさぞや驚いたことでしょう。

そして、秋丸機関の真実のストーリーがこれをきっかけに世に広まることを恐れ、アカデミズムやマスコミなどを中心に、入念な情報操作による歴史捏造がいっそう徹底されました。具体的には、「軍幹部はなぜ敗戦必至の報告書を受けながら無謀な開戦に踏み切ったのか」、「七十年前の日米開戦前夜。正確に日本の国力を予測しながら、葬り去られた幻の報告書がある」など真実と正反対の通説を流布させたのです。

マスコミ報道の例として、大東亜戦争開戦七十年目の年頭一月三日、日本経済新聞の朝刊一面に掲載された記事を紹介します。

資料　**日本経済新聞　２０１１年１月３日朝刊一面**

「開戦前、焼き捨てられた報告書」

現実を直視、今こそ

七十年前の日米開戦前夜。正確に日本の国力を予測しながら、葬り去られた幻の報告書がある。報告書を作成した「戦争経済研究班」を取り仕切ったのは、陸軍中佐の秋丸次朗。1939年9月、関東軍参謀部で満州国の建設主任から急きょ帰国した。同班は「秋丸機関」の通称で知られるようになる。英米との戦争に耐えられるかどうか、分析を命じられた秋丸。東大教授の有沢広巳、後の一橋大学長になる中山伊知郎ら著名学者を集め、徹底的に調べることにした。

「1対20」を黙殺

東京・麴町の第百銀行2階に常時二十〜三十人がこもる。調査対象は人口、資源、海運、産業など広い分野に及んだ。今と違い資料収集も簡単ではない時代。日本は経済封鎖の下で軍需産業育成にどれだけ力をそそぐことができるか。英米との力の差はどの程度か。英知を結集した分析が進んだ。

調査開始から1年半を経た41年半ば。12月8日の日米開戦まであと数ヶ月の時期に、陸軍首脳らに対する報告会が催された。意を決するように、秋丸が言った。

「日本の経済力を1とすると英米は合わせて20。日本は2年間は蓄えを取り崩して戦えるが、それ以降は経済力は下降線をたどり、英米は上昇し始める。彼らとの戦力格差は大きく、持久戦には耐えがたい」。秋丸機関が出した結論だった。

列席したのは杉山元参謀総長ら陸軍の首脳約三十人。じっと耳を傾けていた杉山がようやく口を開いた。「報告書はほぼ完璧で、非難すべき点はない」と分析に敬意を表しながらも、こう続けた。「その結論は国策に反する。報告の謄写本はすべて燃やせ」

会議から帰ってきた秋丸はメンバー一人ひとりから報告書の写しを回収し、焼却した。有沢は直ちに活動から手を引くように命じられた。

報告書の一部は、88年の有沢の死後に遺品から発見される。１０４ページ分の報告は詳細を極めていた。見たくないものは見ない――。秋丸機関はほどなく解散し、現状認識を封印した戦争の結末は悲惨だった。

そうです。秋丸次朗の回顧録のところでも指摘しましたが、「陸軍省戦争経済研究班」設立の目的と重層的かつ立体的な検討の在り方から考えて、研究の成果・結論が、「1対20」などとのレッテル表現で断じられることはありえません。また、杉山参謀総長が述べたとすれば、「その結論は国策に反する」ではなく、「その結論で国策を進める」であったでしょう。さらに、「秋丸機関はほどなく解散し」となっていますが、これも嘘のプロパガンダです。「陸軍省戦争経済研究班」は、昭和一七年一二月に「経研資料調　第91号　大東亜共栄圏の国防地政学」を取りまとめるなど、この年の暮れまで精力的な活動を続けていました。

そして、歴史の事実の歪曲と帝国陸軍への冒瀆、ひいては日本民族への冒瀆の極めつけは、「見たくないものは見ない」、「現状認識を封印した戦争」の記述です。正に、真実と真逆のことを、日経新聞は読者に印象付けています。帝国陸軍は、「見たくないものを直視し、高度な現状認識に基づき、責任を持って国策を打ち出した」のです。

＊ご参考

「開戦前夜　焼き捨てられた報告書　現実を直視、今年こそ」（「日経新聞」２０１１年記事）

http://www.nikkei.com/article/DGXNASM227001_X21C10A2SHA000/?

こちらは新聞記事と同じ内容の電子版です。但《ただ》し、続きを読む場合は会員登録が必要なようです。

こういう場面には、ＮＨＫも当然のごとくに登場します。秋丸次朗の回顧録に書かれていたように昭和五四年（一九七九年）に教育テレビにて『有沢広巳・戦後経済史を語る』を放送したにとどまらず、開戦五〇周年の平成三年（一九九一年）八月一五日にはNHKテレビの特集番組『新発見　秋丸機関報告書』にて、「陸軍省戦争経済研究班」に関して真実と正反対の内容を報じました。

もちろん、「英米合作經濟抗戰力調査（其一）」の判決（四）、（五）、（七）そして（八）、特に最終結論部分である（七）と（八）とをきちんと読めば、誰しもが、このような報道が嘘であることがすぐにわかります。それにもかかわらず、いやそれだからこそ、戦後レジームの担い手である**反日勢力は、徹底して偽りの砦《とりで》で秋丸機関のストーリーを固めたのです。**

経済学や歴史学関連の諸学会やマスコミなどは、秋丸機関に関する事実が世に明らかになることを、今も、極度に恐れています。

十数年前のエピソードになりますが、アカデミズムと戦争との関わりについて興味を持ち、その延長線上で、秋丸機関についての研究に着手したある大学院生がいました。

そして、彼の作成した論文が、論文発表会にノミネートされたのです。すると、この発表会を聞きつけた経済学会の某重鎮が、当日発表会場に姿を現わしたそうです。彼は、この大学院生の発表が始まるや否や、「おまえのような若造にわかるはずがない！」と一喝し、威圧して帰ったのです。

にわかには信じがたいことですが、事実です。可哀そうに、この大学院生は、思わぬ事態にさぞや驚愕《きょうがく》したことでしょう。この探究心旺盛な大学院生にとっても、有沢広巳は完全犯罪の容疑者でした。しかし、残念ながら、この大学院生は、その後、秋丸機関に関する研究を断念し、今も復していません。

歴史の真実を取り戻せ！

戦後レジームの下で、自存自衛の大東亜戦争の「開戦」の決断は「日本軍（陸軍）の無謀な戦争への暴走」であった、と歴史が作り替えられてきました。

しかし、「陸軍省戦争経済研究班」に関する事実・経緯を直視し、真実のストーリーを取り戻すことにより、大東亜戦争の「開戦」の決断が、自存自衛の已むを得ざるものであり、**かつ詳細な科学的研究に基づいた合理的戦略を策定した上での決断**であったことが、具体的かつ鮮明に見えてきます。

日本人は、家族を守るため、国を守るため、民族を守るため、そして、アジア諸国の独立を勝ち取るため、清く正しく、英知を尽くしてアメリカやイギリスによる侵略に立ち向かったのです。大義ある防衛戦であったからこそ、多くの国民が進んで勇敢に戦い、結果、二百数十万の兵士が戦場に散ったのです。

日本は、資源が乏しく、経済力が小さく、加えて山本五十六連合艦隊司令長官らの意図的な戦争戦略からの逸脱があったために、自国を守ることは叶《かな》いませんでした。

山本五十六はアメリカのスパイであったという説もあります。筆者は、これを否定する材料を持ち合わせていません。読者の皆様はどうお考えでしょうか。もし、山本五十六がスパイであったのならば、二十歳台でのアメリカ駐在中、あるいは三十歳台でのハーバード大学留学中に、ハニートラップなどをきっかけに取り込まれていたのでしょうか……。事実とすれば誠に残念なことですが、これはこれで今でもよくある話です。

けれども、日本は強かったのです！

「大東亜戦争」は、アジアの諸国の独立に貢献し、心からアジアの諸国に感謝されています。多くのアジアの人々の証言が残されています。ここでは、タイの元首相ククリット・プラモード氏が記者時代の若い頃に書いた有名な詩のみを、代表的な例として引用します。

「日本のおかげでアジア諸国はすべて独立した。日本というお母さんは、難産して母体をそこなったが、生まれた子供はすくすく育っている。今日、東南アジア諸国民が、米英と対等に話ができるのは、いったい誰のお陰であるのか。それは、身を殺して仁をなした日本というお母さんがあったためである。一二月八日は、我々にこの重大な思想を示してくれたお母さんが、一身を賭して重大なる決心をされた日である。

（中略）我々はこの日を忘れてはならない」

また、このような引用によらずとも、たとえば都内を少し歩けば、身近にさまざまな証《あかし》が今も厳《げん》として形を残しています。杉並区の環状七号線沿いの蓮光寺《れんこうじ》にはインド独立運動の英雄チャンドラ・ボースの遺骨が、港区の愛宕山《あたごやま》隣の青松寺《せいしょうじ》にはインドネシア独立の英雄スカルノ直筆の記念碑があり、日本がアジア植民地の独立に貢献した輝かしい歴史の真実を伝えています。

同じ港区内ですので、この際、筆者は青山霊園にある金玉均《きんぎょくきん》の墓にも触れないわけにはいきません。この金玉均は、朝鮮の近代化と独立に向けた運動の英雄であり、日本に亡命、当時の志《こころざし》ある日本人は挙げて彼を支援しました。金玉均は、その後に清朝時代の上海に渡って暗殺されました。金玉均の墓は、明治以来の日本人のアジアに対する志をしみじみと今に伝えるものです。彼の墓は文京区の本郷通りに近い真《しん》浄寺《じょうじ》にもあります。

日本は、蘭印（インドネシア）をオランダから解放した後、インドネシアの人々が自ら軍隊を持てるようにと願い、現地の青年たちに軍事的な教育・指導を施しました。

日本によって生み育てられたインドネシアの国民軍は、この後、オランダやイギリスとの独立戦争で大きな威力を発揮しました。八十万人の犠牲を出しながらも、インドネシアは、結局、この独立戦争に勝利を収めたのです。数千人の日本兵が現地に残留して、この独立戦争に参加しました。

独立後来日したスカルノ大統領は、インドネシア独立戦争に参加して戦死した日本人の英雄、市来龍夫《いちきたつお》、吉住留五郎《よしずみとめごろう》両名の顕彰文を、涙を流しながら直筆で記し、先に紹介しました記念碑として青松寺に建てたのです。記念碑にあるスカルノの言葉「独立は一民族のものならず　全人類のものなり」は、万人に感動を与えずにはいられません。

第二章でも述べましたが、日本が白人植民地主義の長い歴史を終わらせたことは、永い人類史の中でも特筆すべき画期的な偉業なのです。

大東亜戦争での日本の戦いぶりを見て、当時の世界の支配者たる白人たちはその底力を非常に恐れました。そのためにアメリカは、日本占領とともに思想と文化の殲滅《せんめつ》戦を新たに開始したのです。終戦とともに、武力戦から思想戦へと移行したのです。日本の数千年来の悠久の歴史と輝ける魂の圧殺を企図したのです。第一章でも述べましたように、大東亜戦争の真実を消して、日本人の歴史の記憶を作り替えたのです。多くの書物を没収し、言論を統制し、ラジオ、新聞、映画そして教科書などで日本国民を洗脳したのです。

勝者による政治劇である東京裁判では、一方的に「南京虐殺」をでっち上げました。私たち日本人は、東京裁判における松井石根《まついいわね》元中支那方面軍司令官の証言フィルムをいまだにノーカットで見ることを許されていません。アメリカは、広島・長崎への原子爆弾投下や都市部への無差別爆撃への日本人の復讐心の生起を恐れ、日本の原罪をでっち上げて相殺しようとしたのではないでしょうか。

繰り返しになりますが、アメリカにとって、「陸軍省戦争経済研究班」の事績は、真っ先にかつ完全に葬るべき「不都合な真実」であったのです。

日本の輝ける未来を拓《ひら》くためには、日本が真に復活するためには、父祖の時代に対する正しい認識が欠かせません。

戦後七十年間蔽《おお》い隠されていたものが今や剝離《はくり》し目の前に現われ、日本人がそれを追体験することにより、「夢」から目覚めて正気を取り戻すのです。今まさに目の前にある真実を、真実としてそのまま認識できない、正反対の意味での受け取り方しかできないのならば、それは正気ではなく一種の狂気です。

もしも、私たち日本人が、戦後レジーム下で安住させられてきた「夢」から目覚め正気を取り戻すのならば、日本は必ずや変わります。

日本人はより多くの幸せを獲得し、世界により大きな貢献をするでしょう。自国の外交に筋を与え、アメリカ・中国・韓国の不当な非難に厳然と抗し、国際力学により適切に対応することで経済も強化され、国内の不毛な左右の対立を終え、子供も大人も祖国に誇りを持ち、家族はより慈しみ合い、きっと子供たちの数も増え、世界からいっそうの尊敬を獲得することでしょう。何といっても「日本は世界の宝」なのです。

筆者は、反米主義者ではありません。アメリカは大切です。ただ筆者は、過去の歴史において真実のみを見つめたいのです。歴史に対して誠実でありたいのです。

筆者には、日本人、殊《こと》に父祖の時代の日本人に対する厚い信頼感がありました。真摯《しんし》で、我慢強く、ひたむきで、責任感が強く、誠《まこと》がありました。そして、人との和を尊ぶことが標準的な日本人の姿でありました。さらに、幕末維新から日露戦争を経て英米による直接的な圧迫の時代へと一貫して続いた厳しい状況に対峙してきた指導層には、鍛え抜かれた思惟と底知れぬ胆力が引き継がれてきたはずです。

筆者は、大東亜戦争の大義と開戦の決断の必然性についていささかも疑うことがない、という信条を有していました。日頃から、この自らの信条を、自らの目で直に当時の資料で裏付けておきたいとの思いが強かったのです。裏付けは、二次資料や三次資料では駄目で、一次資料でなければなりません。

だから筆者は、仕事の合間の休日に国会図書館を始めとする各種図書館や資料室などを訪ね歩きました。そんなある日のこと、東京の中目黒にある防衛省防衛研究所において、第二章で言及しました「対米英蘭戦争指導要綱」や「対米英蘭蔣戦争終末促進に関する腹案」の策定に携わった石井秋穂大佐が残した『石井秋穂回想録』を精査していました。すると、昭和一六年（一九四一年）当時の国策策定過程のきわめて重要な文脈上に、「秋丸中佐」、あるいは「秋丸機関」に関する記載が突如出現したのです。突如です。この前後には、この名前は一切登場しません。一度きりです。しかも、長い間この分野を探索してきた筆者にとって、初めて目にする名前でした。

この意外性と不自然さから、筆者は、「これだ！」という直感を得たのです。これが筆者が「陸軍省戦争経済研究班」に関する研究に乗り出すことになった直接の契機です。

それからしばらくして、第一章で述べました「陸軍省戦争経済研究班」の最も重要な最終報告書「英米合作經濟抗戦力調査（其一）」が、東京大学経済学図書館に貴重図書として所蔵されていること、おまけに「英米合作經濟抗戦力調査（其二）」の全頁が、東京大学経済学図書館・経済学部資料室のデジタルアーカイブで自由に閲覧できる状態になっていることを発見しました。誰でもいつでもネットでアクセスできるオープンな情報だったのです。うかつにも筆者は、それまで、このことをまったく知りませんでした。

筆者の体に衝撃が走りました。

そして、それからです。筆者が調査を進めていく中で、最終報告書「英米合作經濟抗戦力調査（其二）」の内容と位置付けが、「英米合作經濟抗戦力調査（其二）」が訴えていることとそのものと、まったく違う趣旨、正反対の立場で世の中に喧伝・流布されているという、これまで本書で述べてきました数々の信じられないような事実に出会っていったのです。筆者は愕然《がくぜん》とし、また失望しました。そして激しい怒りがこみ上げてきました。戦後の日本において、ここでも、「陸軍省戦争経済研究班」においても、嘘がつくられ、歴史が捏造され、それが今現在でも、大手を振ってまかり通っているのです。狂気です。

筆者は、「陸軍省戦争経済研究班」の手による諸報告書の調査のために、本郷にある東京大学経済学部資料室も何度か訪ねました。この資料室の若い責任者の方、歴史研究者でもある方が、筆者に、貴重な所蔵資料、各種の一次史料を親切な応対で閲覧させてくれました。また、彼は、日本経済新聞社の記者が数年ごとに定期的にここを訪れること、彼自身が「陸軍省戦争経済研究班」をテーマとした取材を受け、他の取材と合わせてそれが記事となったことなど、丁寧《ていねい》に話をしてくれました。日本経済新聞　2011年1月3日朝刊一面「開戦前、焼き捨てられた報告書」の記事です。

この記事は先ほど、紹介しました。筆者にとって誠に不思議であったのは、彼もまた、一点の疑念もなく、「陸軍省戦争経済研究班」の研究成果「英米合作經濟抗戦力調査（其二）」が、暴走する陸軍に開戦を思いとどまらせるためのものであったと信じていることでした。あるいは、信じたふりをしているのかもしれません。筆者は、この時、彼の好感のもてる笑顔と話しぶりとは裏腹に、背後に存在するとてつもなく深い闇を感じて、自分の背筋が急に冷たくなったのを鮮明に覚えています。ここにも狂気があったのです。

これが、筆者が、「陸軍省戦争経済研究班」の嘘と対峙するに至った経緯です。

ところで、この「陸軍省戦争経済研究班」に関する調査・研究がある程度まとまってきた段階で、筆者は、日頃親しくさせていただいているある近現代史研究家と池袋でお会いして、直にその内容をお話し申し上げました。するとしばらくして、次のメッセージがメールにて送られてきました。原文をそのまま掲載します。

「私は、仙台陸軍幼年学校から陸軍士官学校を出られ、戦後は陸自勤務の後、退官後は防衛研究所にて戦史を研究しておられた方（故人）と親しくさせて頂いていたのですが、その方が、『大東亜戦争の基本戦略を海軍が目茶苦茶にしてくれた。防衛研究所で戦史を調べているうちに、敵の弾に当たるのではなく、補給路を断たれて餓死・

病死した将兵の余りの多さに言葉を失う程であった』と悔しそうに話して居られたのを鮮明に覚えております。

インド洋作戦を貫徹していれば、エジプトの英軍への補給路を断つことが出来たほかにも、ペルシャ回廊（一九四一年八月、英ソが占領）を封鎖してスターリングラード攻防戦中のソ連への補給を断ち、更に援蔣ビルマルートも遮断でき、英ソ支に対し決定的なダメージを与えることができ、戦局は大きく変わっていたことでしょう。

貴論文は、海軍の独断によって赤道の反対側まで送り込まれ、消耗戦の後に、補給路を断たれて餓死病死した英霊への鎮魂の書となりますので、是非一冊の本として出版できるように頑張って下さい。

昭和史の大家と称せられる徒輩が未だに唱える、山本五十六名将説や海軍善玉論も打破されなければ英霊は浮かばれないのであり、山本五十六の元帥称号は剝奪されてしかるべきです」

このメッセージは、まさに、大東亜戦争をめぐる歴史の真実を端的に明らかにしているものです。そして筆者にとって特に心に残ったのは、「英霊への鎮魂」という言葉です。この言葉は、その後、私の心の中でいつまでも消えゆくことがありませんでした。

ひとり、とある資料室の一隅で、経年劣化して手で触ると崩れ落ちそうな「陸軍省戦争経済研究班」（秋丸機関）の調査報告書の頁をめくるつど、私は涙が出る想いに駆られます。わが国を取り巻く情勢の緊張がピークに達していく中、帝国陸軍の責任感と執念が、敵国に対するこれほどまでの調査分析を冷静に成し遂げさせたのです。

「敵を知り、己を知れば百戦殆《あやう》からず」

帝国陸軍の科学性と合理性が、この戦争の開戦を決めたのです。

戦後に消されたこの歴史の真実の灯を再び灯したい。

自存自衛の戦い、大東亜戦争の成就を信じ、祖国の大義に殉じた二百数十万の英霊の代わりに、**「陸軍省戦争経済研究班」の真実のストーリーを一人でも多くの日本国民に知らしめたい。**

張り裂けるような思いで本書を著わしました。

あとがき

本書における主人公の一人、「陸軍省戦争経済研究班」（秋丸機関）の実質的なリーダーとして大東亜戦争の戦略立案に大いに貢献した有沢広巳は、真珠湾攻撃、ミッドウェー海戦、そしてガダルカナル攻防と続いた山本五十六連合艦隊司令長官の暴挙に失望しきったと考えられます。苦労を重ねて組み立てた勝ちに行く戦略が、何と軍の内側から、しかもトップにより壊されていったからです。「大東亜戦争は、有沢広巳が創り、山本五十六が壊した」のです。

こう述べながらも、私は、確証がないゆえに日頃あまり口にしないのですが、いつも頭の片隅に引っかかっているある疑念についてお話ししないわけにはいきません。すなわち、有沢広巳の目的は、帝国陸軍が開戦に動くようにそそのかすこと、陛下にもご納得いただける開戦のためのりっぱな口実、建付けを帝国陸軍に与えることであったのではないだろうか、という疑念です。

はたして、有沢広巳は、昭和元年から三年までの間にベルリンにあって、大学にも在籍せず、何を見、何を考え、誰と会っていたのでしょうか。この二年半の間、日本人やドイツ人の左翼と盛んに交流しています。毎週土曜日の午後は、いつもドイツ社会民主党書記局の有力者との間でフリートーキングを行なっていたと言われています。ドイツ社会民主党大会へは招待されて出席しています。

そもそも、誰が有沢広巳をドイツに招いたのでしょうか。有沢広巳がドイツに行った本当の目的は何だったのでしょうか。

この疑念の図式では、スパイ説のある山本五十六と有沢広巳とは共犯者ということになっています。そして、「大東亜戦争は、有沢広巳がそそのかし、山本五十六が転ばせた」ということになります。仮に、日本に敵する神、日本の開戦と敗北、焦土化と植民地化を願う神がいたとしたら、有沢広巳と山本五十六の両名をセットで大いに祝福していたことでしょう。

この日本に敵する神は、コミンテルンを使って日本を支那事変へ引きずり込み、米国を使って日本を破壊し占領し、究極、アジア大陸を共産主義者の手に委《ゆだ》ねたのです。この日本に敵する神は、帝国陸軍が、高度に科学的で合理的な体質であったことも熟知していたことになります。

前半生において研究者として全力で「総力戦」と向き合い、「陸軍省戦争経済研究班」においては大東亜戦争の戦略立案のために精力を傾けていた人間有沢広巳が、はたして、当時、何を心の内に秘めていたのでしょうか。愛国者であって純粋に国難打開に尽くしたのでしょうか。ただ、覚えを良くすることで治安維持法違反容疑の裁判を有利にしたかったのでしょうか。結果的に、裁判は、昭和一九年（一九四四年）二月の二審にて無罪が確定しました。

それとも、日本を開戦と破滅に導こうとの売国奴の心を持ち合わせていたのでしょうか。いったい私たちは、当時の有沢広巳と、息遣いを共にしていいのでしょうか？突き放すべきなのでしょうか？　私にもすぐには解き明かすことができません。

ただし、私は、秋丸次朗の回顧録『朗風自伝』に登場していた東條陸相（当時）

は、このような文脈にそったある種の疑念・危惧を、早くから有沢広巳に対して向けていたのではないか、との思いをずっと捨てきれずにいます。

そして、もう一つわからないことがあります。まったく正反対の観点です。それは、先に本書で述べましたが、「国防経済思想」を打ち出した「經濟戰爭の本義」および有沢広巳によるその直筆原稿を、なぜ、秋丸次朗がセットで偕行社に寄贈したのか。またそれ以上に、なぜ、有沢広巳が「陸軍省戦争経済研究班」の最終報告書「英米合作經濟抗戰力調査（其二）」を遺品として後世に残したのかです。

これらは、「陸軍省戦争経済研究班」の全体像を解き明かす糸口となる証拠品です。これらが残されていなければ、すべての真実は永遠に蘇らなかったでしょう。逆に言えば、これらを残したことにより、いつか**真実の扉の鍵が開くことは予定されていたのです**。

単に彼らは、この世に自らが生きた証を残したかったのでしょうか。それとも、彼らの贖罪意識の表われであったのでしょうか。明確な意図を持って何かを次世代に託したのでしょうか。これらが混然一体となった動機だったのでしょうか。私にとっての大きな謎です。

さて、読者の皆様にお願いがございます。「日本経済抗戦力調査」は未発見であり、存在したことすら確認されていません。「日本経済抗戦力調査」につきまして、読者の皆様の周辺に何らかの情報がありましたら、ぜひとも出版社経由で私にお知らせください。この冊子は、「陸軍省戦争経済研究班」に関する、ひいては帝国陸軍、いや日本に関する私たちの真実の探求に、さらに大きな力を貸してくれることでしょう。

私には、真実を物語り、謎を解き明かしてくれる一次史料が、あるいはそれらに結びつくちょっとした糸口が、外にもまだまだ、どこかの資料室の保管庫の奥や、いずれかの古本屋さんの棚の片隅で、あるいはどなたかのお宅の物陰で、私たちに発見されるのを、今か今かと待っているような気がしてなりません。どうか、読者の皆様が、そのようなものを見つけましたら、すぐにお知らせいただきたく、お願い申し上げます。

最後になりましたが、これまでの私の調査・研究におきまして、防衛省防衛研究所、東京大学経済学部資料室ならびに靖國偕行文庫室の職員の方々から有益な情報や示唆を賜りましたことに、厚く御礼申し上げます。また、出版にあたりまして、角田取締役、水無瀬編集長を始め祥伝社の皆様に大変お世話になりましたことに、心より御礼申し上げます。そして何よりも、拙文原稿に適宜、懇切なご指導を賜りました西尾幹二先生に尽くせぬ感謝の意を捧げます。

資料「英米合作經濟抗戦力調査（其一）」

序論（前半部）

凡そ経済抗戦力判断の基礎となるべき要因は次の二者に帰することが出来る。

（一）経済抗戦諸要素の構成とその大小の測定（量的抗戦力）

（二）経済抗戦諸要素の構成に於ける強弱の判定（質的抗戦力）

右の内本報告書（「英米合作經濟抗戦力調査（其一）」）は（一）の測定に関するものにして、（二）に就いては別冊（其二）を以て報告する。

抑々（そもそも）経済抗戦力は現有戦争力に対応するところの潜在戦争力の主力をなすものであって、その構成は次の如き三大支柱とも云うべき基本的諸力から構成されている。

（一）供給力　生産物の中戦争目的のため供給し得る分量を意味す。

（二）安定力　生産物の中、国民経済の安定維持に必要なる限界量を意味す。

（三）耐久力　一定の安定力を保持しつつ所定の供給力を継続し得べき時間（期間）を意味す。

而して右の基本的諸力は互いに制約的関連に立つものであって、その間に次の如き関係が成立する。

（一）最低限の安定力保持は持久力確保のための絶対条件にして、その余力大なれば大なるほど持久力は大となる。

（二）供給力の最大出力は安定力従って持久力を犠牲にして始めて可能である。

（三）持久力の確保には一定安定力の保持のため供給力を犠牲にして始めて可能である。

即ち経済抗戦力に於ける供給力と持久力とは互いに相反する要素を持ち安定力は両者を媒介し制約する。即ち、一時点に於ける供給力を最大ならしめんとすればそれだけ安定力を犠牲に供せねばならぬ、従って持久力は必須前提条件の減縮によって小とならざるを得ない。反対に持久力を大ならしめんが為には前提たる安定力を強化せねばならぬから供給力はそれだけ小とならざるを得ない。この関係を公式にて表示すれば次の如き函数関係が成立する。

fP　経済抗戦力

S　供給力

T　持久力

$fP = S/T$

即ち経済抗戦力は持久力を変数とする供給力の函数であると云うことが出来る。従って、経済抗戦力の大小は相反する基本力たる供給力と持久力との均衡によって決定される。而も安定力は二者の間にありて供給力を最大ならしめんとする場合に於いても持久力の必須条件たる最小限度の安定力を保持するためそれだけ供給力を制約する。

是に於いて、経済抗戦力の大小を測定するには、

（一）最小限度の安定力確保の下に於ける供給力の最大出力の判定

（二）一定の安定力確保の下に於ける持久力の判定

といふ二つの問題に答へることに依って得られるであらう。

然し乍ら、経済抗戦力の判断は以上によって、その課題を果たしたものと云ふべきではない。何となれば右によって、敵（英米）の経済抗戦力の大小については知ることが出来るのであるが、併しこれだけではこの与えられた大いさとしての敵の経済抗戦力を変化せしむべき契機については全く知るところがないからである。ここにおいてか、我々は敵の経済抗戦力の構成における戦略点（強弱点）の検討を必要とする。

戦略点の検討は敵の経済抗戦力の構成における弱点の所在並びにその構成における弱点の全関連的意義を決定することである。敵（英米）の経済抗戦力の構成における弱点の所在をつきとめ、その弱点のもつ全関連的意義を確認し得れば、ここに始めて敵の経済抗戦力の大いさを変化せしめ得べき契機、換言すれば経済戦略点を把握し得たと言い得るのである。従ってかかる戦略的観点を堅持することは抗戦力判断における眼目にして絶対的必要である。之なくして単に抗戦力の大小を云為すが如きは、実に画竜点睛を欠くに等しいと言わねばならぬ。されば、先に経済抗戦力の大小に関する判断として掲げた二つの問題も固よりこの戦略的観点をもって貫かれなければならない。
かくして、経済抗戦力の判断形式として次の四つの問題を提起することが出来る。

一、当該国（英米）の供給力の最大出力は幾何（いくばく）であるか、換言すれば、当該国は如何なる規模の戦争遂行に堪えうるか。

二、右の規模の戦争遂行にあたって、当該国の経済抗戦力の構成に如何なる弱点が露出するか、而してその弱点の全関連的意義は何か。

三、右の規模の戦争遂行を継続することによって、当該国の経済抗戦力は如何に推移するか、換言すれば、その持久力は幾何なりや。

四、右の弱点に対する攻撃によって、当該国の抗戦持久力は如何に之を変更せしめうるか。

年表

昭和	西暦	月	
7年	1932年	3	満州国建国。
8年	1933年	7	**世界経済会議決裂。ブロック経済化。**
10年	1935年	秋	日満財政経済研究会設立。
11年	1936年		**日米で大建艦計画開始。**
12年	1937年	春	有沢広巳、政府「物価対策委員会」委員就任。
		7	**支那事変開始。**
		10	企画院設立。
13年	1938年	2	有沢広巳、治安維持法違反で検挙。
14年	1939年	7	**アメリカ、日米通商条約廃棄通告。**
		8	日銀の金準備が底つく。
		9	英仏、対ドイツ宣戦。第二次大戦開始。
			陸軍省戦争経済研究班（秋丸機関）始動。
15年	1940年	5	ドイツ、オランダ占領。
		8	企画院、「昭和15年対英米抗争を顧慮せる物的国力判断」。
		9	**アメリカ、屑鉄・航空油の対日禁輸。**
			日独伊三国同盟締結。
		12	陸軍省整備局、「昭和16年春季開戦を想定せる軍部の国力判断」。
16年	1941年	3	有沢広巳、「經濟戰爭の本義」を著す。
		6	財団法人経済学振興会設立。
			蘭印、対日禁輸強化。
		7	**米英、日本資産凍結。**
			陸軍省戦争経済研究班（秋丸機関）、対米英戦に関する最終報告。

		8	**米英蘭、対日全面禁輸。** 陸軍省整備局、「昭和16年度秋季開戦を想定せる軍部の物的国力判断」。
		9	**大本営、「対米英蘭戦争指導要綱」決定。**
		10	企画院、「開戦直前国力判断」。 東條内閣発足。
		11	**大本営政府連絡会議、「対米英蘭蔣戦争終末促進に関する腹案」決定。**
		12	**日本、対米英宣戦。大東亜戦争開始。** 真珠湾攻撃。 アメリカ、対日独伊宣戦。
17年	1942年	1～3	日本軍、マニラ・シンガポール、ラングーン、ジャカルタ占領。第一段作戦成功。 大本営政府連絡会議、「今後採るべき戦争指導の大綱」決定。
		4	日本海軍、インド洋作戦でイギリス東洋艦隊の多くを取り逃がす。 チャーチル、ルーズベルト宛に日本牽制を求める書簡。 日本海軍、第二段作戦決定。 **ドゥーリトル空襲。**
		6	**日本海軍、ミッドウェー海戦大敗北。** ドイツ軍、エジプト突入。
		8	**アメリカ軍、ガダルカナル島上陸。** **日本軍、ガダルカナル島攻防で厖大な消耗。「腹案」破綻。**
20年	1945年	8	アメリカ、広島・長崎に原爆投下。 **日本、ポツダム宣言受諾。** アメリカ軍、日本占領開始。 連合国軍最高司令官マッカーサー着任。

21年	1946年	5	極東国際軍事裁判（東京裁判）開始。
23年	1948年	11 12	極東国際軍事裁判（東京裁判）終了。 東條英機元首相ら絞首刑。
41年	1966年		有沢広巳、叙勲一等授瑞宝章。
50年	1975年		有沢広巳、授旭日大綬章。
63年	1988年	3	**有沢広巳、死去。遺族が「英米合作經濟抗戦力調査（其一）」発見。**

平成	西暦	月	
4年	1992年	8	秋丸次朗、死去。

参考文献

・**「学問と思想と人間と　有沢広巳の昭和史」　有沢広巳　毎日新聞社**
・**「朗風自伝」　秋丸次朗**
・「戦時経済」　近代日本研究会　山川出版社
・「戦争と経済」　有沢広巳　日本評論社
・「戦時日本経済」　東京大学社会科学研究所編　東京大学出版会
・「開戦期物資動員計画資料　第3巻　昭和16年」　現代史料出版
・「澤本頼雄海軍大将業務メモ　叢2」
・「大本営陸軍部戦争指導班　機密戦争日誌　上」　軍事史学会編　錦正社
・**「石井秋穂回想録」　石井秋穂**
・「大東亜戦争の真実　東條英機宣誓供述書」　ワック
・「閉された言語空間　占領軍の検閲と戦後日本」　江藤淳　文藝春秋
・「GHQ焚書図書開封9　アメリカからの『宣戦布告』」　西尾幹二　徳間書店
・「太平洋侵略史　1・2・3・4」　仲小路彰　国書刊行会
・「情報と謀略　下」　春日井邦夫　国書刊行会
・「太平洋戦争開戦過程の研究」　安井淳　芙蓉書房出版
・「日本陸軍　戦争終結過程の研究」　山本智之　芙蓉書房出版
・「大戦略なき開戦」　原四郎　原書房
・「大元帥昭和天皇」　山田朗　新日本出版

参考文献

・「滞日十年　下巻」　ジョセフ・C・グルー　筑摩書房
・「国家総動員Ⅰ」　みすず書房
・「激動30年の日本経済　私の経済体験記」　稲葉秀三　実業之日本社
・「戦時経済体制の構想と展開　日本陸軍の経済史的分析」　荒川憲一　岩波書店
・**「回想」『有沢広巳の昭和史』編纂委員会編　東京大学出版会**
・**「歴史の中に生きる」　有沢広巳　東京大学出版会**
・「世界恐慌と国際政治の危機」　有沢広巳・阿部勇　改造社
・「戦争と経済」　武村忠雄　慶応出版社
・「ワイマール共和国物語　下巻・余話」　有沢広巳　東京大学出版会
・「戦前・戦時日本の経済思想とナチズム」　柳澤治　岩波書店
・「二十一世紀を望んで　続　回想九十年」　脇村義太郎　岩波書店
・「陸軍・秘密情報機関の男」　岩井忠熊　新日本出版社
・「謀略　かくして日米は戦争に突入した」　橋本惠　早稲田出版
・「戦時下の経済学者」　牧野邦昭　中央公論新社
・「昭和社会経済史料集成　第十巻　海軍省資料」　大東文化大学東洋研究所

＊陸軍省戦争経済研究班（陸軍省主計課別班）の文献は、現在、国立公文書館、国立国会図書館、東京大学経済学図書館・経済学部資料室、防衛省防衛研究所、昭和館、靖國偕行文庫室等に所蔵されています。

・**「資料年報　昭和15年12月1日現在」　陸軍省主計課別班　昭和15年12月1日**
・「抗戦力判断資料　第2号（其四）経済的抗戦要素としての印度及緬甸」　陸軍省主計課別班　16年8月
・「抗戦力判断資料　第3号（其一）第一編　物的資源力より見たる独逸の抗戦力」　陸軍省主計課別班　16年10月
・「抗戦力判断資料　第3号（其二）第二編　人的資源力より見たる独逸の抗戦力」　陸軍省主計課別班　17年2月
・「抗戦力判断資料　第3号（其三）第三編　資本力より見たる独逸の抗戦力」　陸軍省主計課別班　17年1月
・「抗戦力判断資料　第3号（其四）第四編　生産機構より見たる独逸の抗戦力」　陸軍省主計課別班　17年2月
・「抗戦力判断資料　第3号（其五）第五編　配給及び貿易機構より見たる独逸の抗戦力」　陸軍省主計課別班　17年1月
・「抗戦力判断資料　第3号（其六）第六編　交通機構より見たる独逸の抗戦力」　陸軍省主計課別班　17年3月
・「抗戦力判断資料　第4号（其一）第一編　物的資源力より見たる英国の抗戦力」　陸軍省主計課別班　16年12月
・「抗戦力判断資料　第4号（其二）第二編　人的資源より見たる英国の抗戦力」　陸軍省主計課別班　17年2月
・「抗戦力判断資料　第4号（其三）第三編　資本力より見たる英国の抗戦力」　陸軍省主計課別班　17年9月
・「抗戦力判断資料　第4号（其五）第五編　貿易及び配給機構より見たる英国の抗戦力」　陸軍省主計課別班　17年7月
・「抗戦力判断資料　第4号（其六）第六編　交通機構より見たる英国の抗戦力」　陸軍省主計課別班　17年7月
・「抗戦力判断資料　第5号（其一）第一編　物的資源力より見たる米国の抗戦力」　陸軍省主計課別班　17年3月
・「抗戦力判断資料　第5号（其二）第二編　人的資源より見たる米国の抗戦力」　陸軍省主計課別班　17年3月

・「抗戦力判断資料　第5号（其三）第三編　生産機構より見たる米国の抗戦力」陸軍省主計課別班　17年4月
・「抗戦力判断資料　第5号（其四）第四編　資本力より見たる米国の抗戦力」陸軍省主計課別班　17年6月
・「抗戦力判断資料　第5号（其五）第五編　配給及び貿易機構より見たる米国の抗戦力」陸軍省主計課別班　17年6月
・「生産機構より見たる豪州及新西蘭の抗戦力」陸軍省主計課別班　17年1月
・「陸軍省主計課別班報告書（秋丸機関報告書）」有沢広巳　16年3月
・「経研報告　第1号（中間報告）經濟戰爭の本義」陸軍省主計課別班　16年3月
・「経研報告　第3号　独逸経済抗戦力調査」陸軍省戦争経済研究班　16年7月
・「英米合作經濟抗戦力調査（其一）」陸軍省主計課別班　16年7月（東京大学経済学図書館所蔵資料デジタルアーカイブにて閲覧可能）
・「経研資料調　第1号　貿易額ヨリ見タル我国ノ対外依存状況」陸軍省主計課別班　15年9月
・「経研資料調　第4号　主要各国国際収支要覧」陸軍省主計課別班　15年12月
・「経研資料調　第11号　抗戦力より観たる各国統治組織の研究」陸軍省主計課別班　16年4月
・「経研資料調　第12号　支那民族資本の経済戦略的考察」陸軍省主計課別班　16年4月
・「経研資料調　第14号　英国における統帥と政治の連絡体制」陸軍省主計課別班　16年5月
・「経研資料調　第16号　一九四〇年度米国貿易の地域的考察並に国別、品種別」陸軍省主計課別班　16年5月
・「経研資料調　第17号　独逸食糧公的管理の研究：戦時食糧経済の防衛措置：要約篇」陸軍省主計課別班　16年6月
・「経研資料調　第18号　独逸食糧公的管理の研究」陸軍省主計課別班　16年6月

・「経研資料調　第21号　独逸の占領地区に於ける通貨工作」　陸軍省主計課別班　16年7月
・「経研資料調　第23号　全体主義国家に於ける権利法の研究」　陸軍省主計課別班　16年7月
・「経研資料調　第24号　日米貿易断交ノ影響ト其ノ対策」　陸軍省主計課別班　16年7月
・「経研資料調　第27号　レオン・ドーデの『総力戦』論」　陸軍省主計課別班　16年9月
・「経研資料調　第28号　独逸戦時に活躍するトッド工作隊」　陸軍省主計課別班　16年10月
・「経研資料調　第33号　伊国経済抗戦力調査」　陸軍省主計課別班　16年12月
・「経研資料調　第35号　第一次大戦に於ける独逸戦時食糧経済」　陸軍省主計課別班　16年12月
・「経研資料調　第65号　独逸大東亜圏間の相互的経済依存関係の研究：物資交流の視点に於ける」　陸軍省主計課別班　17年3月
・「経研資料調　第68号　其一―其二　独逸に於ける労働統制の立法的研究：上巻、下巻」　陸軍省主計課別班　17年4月
・「経研資料調　第70号　南阿連邦政治経済研究」　陸軍省主計課別班　17年4月
・「経研資料調　第73号　蘇聯邦経済力調査」　陸軍省主計課別班　17年4月
・「経研資料調　第88号　ファシスタイタリアの国家社会機構の研究：第2部」　陸軍省主計課別班　17年11月
・「経研資料調　第91号　大東亜共栄圏の国防地政学」　陸軍省主計課別班　17年12月
・「経研資料工作　第1号―第1号ノ3　第二次欧洲戦争に於ける経済戦関係日誌：第1年度、第2年度、第3年度」　陸軍省主計課別班　15年10月―17年9月
・「経研資料工作　第2号　第一次欧洲戦争ニ於ケル主要交戦国経済統制法令集録」　陸軍省主計課別班　15年8月
・「経研資料工作　第2号　第二次欧洲戦争ニ於ケル交戦各国経済統制法令集録」　陸軍省主計課別班　15年8月
・「経研資料工作　第5号　第一次大戦に於ける英国の戦時貿易政策」　陸軍省主計課別班　16年1月

・「経研資料工作　第23号　南方労力対策要綱」　陸軍省主計課別班　17年6月
・「ソ連経済抗戦力判断研究関係書綴」　陸軍省主計課別班　研究部第4分科　16年2月
・「極東ソ領占領後の通貨・経済工作案」　陸軍省主計課別班　16年8月
・「ソ連農産資源の地理的分布の調査」　陸軍省主計課別班　17年5月
・「東部蘇連に於ける緊急通貨工作案」　陸軍省主計課別班　17年3月
・**「秋丸陸軍主計大佐講述要旨　経済戦史」　総力戦研究所　17年7月**
・「占領接収旧陸海軍資料総目録：米議会図書館所蔵」　田中宏巳編　東洋書林
・「杉山メモ　上」　参謀本部編　原書房
・「木戸幸一日記　下巻」　東京大学出版会
・「大東亜戦争　収拾の真相」　松谷誠　芙蓉書房
・「日米開戦の政治過程」　森山優　吉川弘文館
・「戦史叢書　大東亜戦争開戦経緯（5）」　防衛庁防衛研究所戦史室　朝雲新聞社
・「戦史叢書　大本営陸軍部（3）（4）」　防衛庁防衛研究所戦史室　朝雲新聞社
・「戦史叢書　大本営海軍部（2）」　防衛庁防衛研究所戦史室　朝雲新聞社
・「戦史叢書　南西方面　海軍作戦　第二段作戦以降」　防衛庁防衛研究所戦史室　朝雲新聞社
・「GHQ歴史課陳述録　終戦史資料（下）」　佐藤元英・黒沢文貴編　原書房
・「日本海軍の歴史」　野村實　吉川弘文館
・“Strategy and diplomacy,1870–1945”　Paul Kennedy　Allen & Unwin
・「主力艦隊シンガポールへ」　R・グレンフェル　錦正社
・「第二次大戦回顧録　13」　W・チャーチル　毎日新聞社

・「ドゥーリトル日本初空襲」　吉田一彦　三省堂
・「日米全調査　ドーリットル空襲秘録」　柴田武彦・原勝洋　アリアドネ企画
・「大陸命綴　巻九」　防衛省防衛研究所資料室
・「参謀本部第一部長　田中新一中将業務日誌　七分冊の二」　防衛省防衛研究所資料室
・「インド独立」　長崎暢子　朝日新聞社
・「潜艦U－511号の運命：秘録・日独伊協同作戦」　野村直邦　読売新聞社

林 千勝　はやし・ちかつ

近現代史研究家、ノンフィクション作家。東京大学経済学部卒業後、富士銀行(現・みずほ銀行)入行。長年、近現代史の探求に取り組み、現在に至る。著書に『近衛文麿 野望と挫折』(ワック)、『日米戦争を策謀したのは誰だ！――ロックフェラー、ルーズベルト、近衛文麿そしてフーバーは』(ワック)、『ザ・ロスチャイルド――大英帝国を乗っ取り世界を支配した一族の物語』(経営科学出版)。

オフィシャルサイト
https://hayashichikatsu.site/

日米開戦《にちべいかいせん》 陸軍《りくぐん》の勝算《しょうさん》
「秋丸機関」の最終報告書

林《はやし》 千勝《ちかつ》

2015年8月10日 初版第1刷発行
2024年4月10日 第11刷発行

発行者……………辻 浩明
発行所……………祥伝社《しょうでんしゃ》
〒101-8701 東京都千代田区神田神保町3-3
電話 03(3265)2081(販売部)
電話 03(3265)2310(編集部)
電話 03(3265)3622(業務部)
ホームページ www.shodensha.co.jp

装丁者……………盛川和洋
印刷所……………萩原印刷
製本所……………ナショナル製本

Printed in Japan ISBN978-4-396-11429-9 C0221

〈祥伝社新書〉
歴史から学ぶ

366
はじめて読む人のローマ史1200年
建国から西ローマ帝国の滅亡まで、この1冊でわかる
東京大学名誉教授
本村凌二

168
ドイツ参謀本部　その栄光と終焉
組織とリーダーを考える名著。「史上最強」の組織はいかにして作られ、消滅したか
上智大学名誉教授
渡部昇一

379
国家の盛衰　3000年の歴史に学ぶ
覇権国家の興隆と衰退から、国家が生き残るための教訓を導き出す
渡部昇一
本村凌二

351
英国人記者が見た連合国戦勝史観の虚妄
滞日50年のジャーナリストは、なぜ歴史観を変えたのか？　画期的な戦後論の誕生！
ジャーナリスト
ヘンリー・S・ストークス

570
資本主義と民主主義の終焉　平成の政治と経済を読み解く
歴史的に未知の領域に入ろうとしている現在の日本。両名の主張に刮目《かつもく》せよ
法政大学教授
水野和夫
法政大学教授
山口二郎